SHENMI
DE TAIKONG
SHIJIE CONGSHU

神秘的太空世

U0684114

征服太空之路

刘芳 主编

时代出版传媒股份有限公司
安徽文艺出版社

图书在版编目（ＣＩＰ）数据

征服太空之路 / 刘芳主编. — 合肥：安徽文艺出
版社,2012.2（2024.1重印）
　　（时代馆书系·神秘的太空世界丛书）
　　ISBN 978-7-5396-3999-4

　　Ⅰ．①征… Ⅱ．①刘… Ⅲ．①空间探索－青年读物②
空间探索－少年读物 Ⅳ．①V11-49

中国版本图书馆 CIP 数据核字(2011)第 247292 号

征服太空之路

ZHENGFU TAIKONG ZHI LU

出 版 人：朱寒冬
责任编辑：宋潇婧　　　　　　　　装帧设计：三棵树　文艺

出版发行：安徽文艺出版社　　www.awpub.com
地　　址：合肥市翡翠路 1118 号　　邮政编码：230071
营 销 部：(0551)3533889
印　　制：唐山富达印务有限公司　电话：(022)69381830

开本：700×1000　1/16　印张：11　字数：157 千字
版次：2012 年 2 月第 1 版
印次：2024 年 1 月第 5 次印刷
定价：48.00 元

前　言
PREFACE

　　自从人类诞生的那一刻起，人们望着湛蓝的天空，就产生了像鸟儿一样在天空中自由飞翔的梦想。为了征服太空，实现这一梦想，人类努力了数千年，做了各种尝试。

　　热气球出现之后，人类征服太空之路步入了正轨。此后，各种飞行器，如飞艇、滑翔机等层出不穷。人类虽然借助这些人造翅膀飞上了天空，但远远没有达到征服太空的水平。因为这些飞行器要么借助风力，要么借助空气的浮力，人类无法掌控飞行的方向。

　　这种状况直到美国的莱特兄弟发明了飞机，才得以改变。飞机出现以后，人类拥有了可以自由飞翔的人造翅膀，可以在万米甚至更高的天空中飞翔。随后，火箭、卫星、空间探测器和载人航天器等宇航工具在人类的努力下不断完善。人类不但可以在天空中飞翔，还可以到达地外空间，登上其他星球了。人类终于征服了一部分太空。

　　现在，航空航天事业已经成为衡量一个国家科技、工业、经济、国防实力的重要指标。航空航天文化也已经渗透到了经济、文化、教育、娱乐和体育等生活的各个方面了。通过科普宣传，让广大青少年了解航空航天知识已经非常迫切了。广大青少年是祖国的未来，他们对航空航天知识的了解直接影响着航空航天事业未来的走向。

　　为了向广大青少年呈现人类征服太空的整个旅程，我们组织编写了这本《征服太空之路》。在书中，我们对从人类最初的飞翔之梦到未来飞行器的发展趋势都作了详细的介绍。需要特别说明的是，人类征服太空之举并不是毫无意义的，征服它就是为了让其为人类服务，如繁育太空种子、寻找地外适合人类生存的星球等。

现在，人类在征服太空之路上已经取得了很多成就，但并没有就此画上句号。在宇宙当中仍有许多未知的领域等待人们去探索，即便在已经探索到的领域当中也依然有许多未解之谜等待人类去解答。在此，我们衷心地希望本书能给广大青少年插上科学的翅膀，让大家在科学的天空中自由飞翔，并在不久的将来为人类的航空航天事业做出自己的贡献。

由于知识和水平的限制，书中存在一些纰漏或谬误之处是在所难免的事情，请广大读者批评指正，以便我们在未来的出版工作中加以借鉴，为青少年朋友编写更多的好书。

Contents

目　录

环绕地球运行的人造卫星

访问地外星球的空间探测器

将人类送入太空的载人飞船

航天技术应用及未来航天

征服太空之梦与早期尝试

　　浩瀚无垠的星空、神秘莫测的太空一直吸引着人类的目光。人们渴望能像鸟儿一样，只要展开双翅，轻轻拍动，就可以自由自在地在蓝天之上飞翔。这是人类征服太空之路最早的体现，至今还可以在许多神话和传说之中找到它的蛛丝马迹。

　　随着科技的进步，人们对太空了解得越来越多，逐渐形成了系统的天文学说。这时，人们已经按捺不住内心之中那飞向蓝天的冲动了。征服太空不能只停留在梦想阶段，于是人们竭尽自己的智慧和才能，踏上了征服太空的旅程。

　　从借助风力把风筝送上蓝天，到尝试像鸟儿一样飞翔，再到制造专业的登天工具——热气球、飞艇等，人们奋斗了数千年，其中集聚着无数人的努力和汗水。这一历程也记录了人类征服太空之梦早期的轨迹。在这一阶段，人类仅仅是借助人造工具飞上了蓝天，离征服太空的水平差距还很大。但从此之后，人类征服太空之路步入了正轨，离真正的征服太空已经越来越近了。

地球与人类的飞行之梦

天空是湛蓝的，有人说很像海洋，其实不然。环绕地球表面的是一层厚厚的空气，当太阳光照向地球时，这层厚厚的"外衣"将许多有害的物质滤掉和吸收，保护了地球上的人类和自然界，这层特别重要的地球"外衣"便是人们常常说起的大气层。

这个大气层有几百千米厚，你可以看到世界屋脊——珠穆朗玛峰的高度仅仅占它的很小一部分。它的最外面是广漠无垠的真空的宇宙，那里没有空气，人类无法生存。越靠近地球的表面，空气的稠密度就越高，正是这充满了空气的底层，给地球上的人类和生物提供了生存的基础，如果没有了空气，就好比鱼儿离开了水，人类便会走向灭亡，根本不可能在地球上繁衍生息。

随着离开地球表面的高度的增加，我们将大气层分为 5 层。最靠近地球表面的一层是对流层，它的平均高度是 15 千米左右，这一层集中了整个大气层中大约四分之三的空气、水蒸气和尘埃。人们所说的气候、气象就是产生在这一层内的，如风、雨、雷、电、雪和浓雾，这一层内气象很复杂，一般性能的飞机都在这一层内飞行。

对流层上面一层是平流层，高度在离地球表面 15～50 千米之间，这里空气很少，较稀薄，然而这一层没有雷、雨和电等的干扰，是飞机飞行的好地方，驾驶员在这一层可以看见很远的地方。这一层温度很低，达到了零下五十多摄氏度，不过这个温度几乎不变化。这一层虽说没有很多的空气，但存在着一种特殊的气体——臭氧，正是因为这一层厚厚的臭氧吸收掉了大部分太阳发出的强烈的光线，地球才有了如此宜人的气候和分明的四季，不然的话，万物都将在太阳的照射下干枯而死。也许你已经注意到人们一直在呼吁保护环境，告诫工厂不要再排放工业废气，这都是因为这些工厂排放出的有害物质严重地破坏了地球的臭氧层。试想一下，如果地球的周围没有了臭氧层，在太阳的强烈照射下，南极的冰山将融化，海洋的面积就将加大，吞噬人类赖以生存的陆地。久而久之，海水蒸发，地球上的万物干枯而死，成为不毛之地，地球便像水星一样，成为死寂的世界。

平流层再往上面，是中间层、热层和散逸层，那些地方几乎没有空气，航天飞机、卫星和空间站就是在这些地方绕地球飞行。

我们居住的地球是一个球体。有人问了一个挺有意思的问题：地球既然是一个圆圆的球体，为何生长在地球上的万物不"掉下去"，掉到无垠的宇宙中去呢？这个问题最早是由发现三大定律并确立了经典力学体系的英国大科学家牛顿提出来并解答的。

有一天，牛顿在树下看书，树上的果子掉下来砸在了他的身上，他看看阳光明媚的蓝天，又看看地上的果子，心里想：为什么果子不向天外"掉"去，而总是落在地上呢？由此引发他进行了一番深入的思考和研究。终于，他发现了大自然的规律——万有引力定律。原来，世界上的万事万物都有将别的东西

牛顿发现万有引力

引向自己的万有引力，只是因为质量太小的东西的万有引力也很小，显现不出来，而对于地球这样的庞然大物，它的吸引力就不可忽略了。地球上的人、动物、植物、江河湖海中的水以及南极的冰山等都被它牢牢地吸引在地球的表面上，甚至地球周围的空气也被地球吸引住而紧靠在地球的表层。由于地球将空气"拉"向地球表面，因而产生了空气对地球表面的压力，这就是我们常在天气预报中听到的大气压力。很容易推知，离地球距离越远的地方，空气就越稀薄，大气压力也就越低。所有物体表现出有一定的重量，都是因为地球吸引的缘故。远离地球的地方，同样的东西，重量却轻了许多，为什么呢？因为地球的吸引力小了。

人类幻想的飞行就是围绕摆脱地球的吸引力这一内容而展开的。我们知道了大气层，也了解了地球的吸引力，就很容易理解航空飞行器和航天飞行器这两个概念了。科学家们将只能在有空气的地方飞行的飞行器称为航空飞行器，而在此之外飞行的飞行器叫做航天飞行器。我们常常看到的飞机、热气球、飞艇等都属于前者。航天飞机、远程洲际导弹和运载火箭等都属于后者。无论是航空飞行，还是航天飞行，都是为了摆脱地球引力的束缚，飞上天空。

···➡ **知识点**

牛顿三大定律

牛顿三大定律，又称牛顿运动定律，是由英国著名科学家伊萨克·牛顿总结于 17 世纪并发表于《自然哲学的数学原理》的三大经典力学基本运动定律的总称。

牛顿第一定律又称惯性定律，其基本内容是：一切物体在没有受到外力作用的时候，总保持匀速直线运动或静止状态。

牛顿第二定律的主要内容有：物体的加速度跟物体所受的合外力成正比，跟物体的质量成反比，加速度的方向跟合外力的方向相同。

牛顿第三定律的基本内容是：两个物体之间的作用力和反作用力，在同一直线上，大小相等，方向相反。

神话传说反映的飞行梦

中国是世界上历史最悠久的国家之一。我们的祖先凭着勤劳勇敢和聪明才智，创造了光辉灿烂的中国文化。同时，在科学技术方面，发明了指南针、造纸术、活字印刷术和火药，这些都是现代科学技术的基础。我国古代劳动人民对人类的进步和世界的发展作出了巨大的贡献。

我们祖先在长期的生产劳动和生活中，从雪花、树叶飘落、云彩流动、狂风中飞沙走石等自然现象以及天空中的飞鸟、昆虫等的飞行活动中产生联想，得到飞行的启示而向往飞行。但是，古代的生产力非常落后，生产方式也极为简单，人们只能勉强维持生存，因而飞行的愿望无法实现，只有寄托于神话。在中国很早就有了奇妙、动人的航空神话传说。这些航空神话传说不仅丰富了古代人类社会文化，而且孕育了后代航空技术的萌芽。

传说我们的始祖黄帝就是骑着龙飞到天上去做神仙的。征服洪水的大禹也曾驾着龙到天空游览。在公元前 10 世纪，周朝国王周穆王乘坐一辆"黄金碧玉车"，以日行万里的速度飞往西方访问"瑶池金田"西王母。传说天上有仙，称为天仙。天仙能呼风唤雨，腾云驾雾，飞行云中。仙人王子乔骑的是白鹤。春秋时候秦国的国君秦穆公的女婿是乘龙的箫史，女儿是跨凤的弄玉，他们都能在天空自由地飞来飞去。

根据民间传说编著的《山海经》一书中，有不少"人鸟一体"的怪异插图，如羽民国、人面鹗等。这些带有浓厚神秘色彩的怪异图，是古人想借飞鸟来实现飞行愿望的一种飞行想象图。

我国广为流传、家喻户晓的神话故事嫦娥奔月，说的是后羿从西天王母娘娘那里求得不死之药，夫妻分吃，可以长生不老。谁知后羿的妻子嫦娥偷着一人吃了，结果她就不由自主地飞上天空，一直升到了月宫里。这不仅是航空神话，而且也是航天神话。这说明古代的中国人，不仅有航空的理想，甚至还有登上月球，征服宇宙的愿望。

嫦娥奔月

这些神奇、动人的航空神话传说，不仅反映了古人在征服大自然的漫长岁月中产生的翱翔天空、遨游宇宙的愿望，而且激励着人们去探索人类飞行的奥秘。

我国战国时期的伟大诗人屈原（约前340—前278）在《离骚》中想象自己驾着由飞龙拉着的车，在天空飞行，朵朵云彩就像一面面旗帜，在他车旁迎风飘扬。凤凰一边唱着歌，一边随他在空中飞翔。他飞过巍峨的昆仑山，飞过一望无际的流沙河，最后到达天边的西海。

《庄子·逍遥游》里说列子由于得风仙之道，因而能够驾风不费力地在空中飞行，把想象中的飞行与风联系起来，说明古人已预见到飞行与风有密切的关系。

诗人李白（701—762）的《天台晓望》诗里有"安得生羽毛，千春卧蓬瀛。"

诗人杜甫（712—770）的《彭衙行》诗里有"何当有翅翎，飞去堕尔前。"

文学家韩愈（768—824）的《调张藉》诗里有"我愿生双翅，扑逐出八荒。"

唐朝的李白、杜甫和韩愈，在他们的诗里都希望人能像鸟一样生羽毛、长翅膀，在空中飞行。

北宋文学家苏东坡（1037—1102）的《金山妙高台》诗里有"我欲乘飞车，东访赤松子。蓬莱不可到，弱水三万里。"意思是：我想驾着飞车，去东海寻访赤松子，三万里水路，到蓬莱可真不容易啊！

神话故事《西游记》里描写的天兵天将、妖魔鬼怪等都能腾云驾雾在空中飞行。孙悟空一个筋斗就是十万八千里。

《西游记》里师徒四人腾云驾雾

我国甘肃敦煌石窟里的壁画飞天，其职能是侍奉佛陀和天帝释，因能歌善舞，周身还散发着香气，所以又叫香音神或飞天伎乐。按佛经的描述，飞天的形象似人非人，头上长角，并不美。但经过艺术家之手，却成了形貌俊美的天男天女。这些生动活泼、千姿百态的飞天，身披天衣，环绕彩带，飞腾之状犹如游龙翔凤，彩云飘扬。这是人们向往飞行的又一种表现形式。

我国古代的文学家和艺术家，用语言、文字、绘画等方式表现了古人向往空中飞行的愿望，并广为传播。可以说，古人航空理想由来已久。

古人在探索飞行的过程中，想象中的飞行器，最早的可能要算飞车了。

《山海经·海外西经》里有"奇肱国善制飞车，游行半空，日可万里。"

《帝王世纪》里有"奇肱氏能为飞车，从风远行。汤时，西风吹奇肱飞车至于豫州。汤破其车，不以示民。十年，东风至，汤复作车，遣之去。"

传说，成汤在位的13年里（前1766—前1754），西方有个奇肱国，奇肱国的人都是独臂，但心灵手巧，会猎取飞禽，还会制造飞车。人坐着飞车可以快速飞到很远的地方去。有一次刮西风，把奇肱国的人和飞车刮到了汤的国都豫州。汤王把独臂人和飞车的到来视为不祥之兆，于是把飞车给毁了。过后，汤王觉得失礼，遂令工匠复制奇肱飞车。过了十年，有一次刮东风，又把奇肱国的人和飞车刮回去了。

可能是受鸟类飞行的启示，古人把飞行的愿望寄托于翅膀，幻想人能生翅膀，像鸟一样在天空中自由飞翔。"有了翅膀就能飞行"似乎成了古人的飞行理论。于是在文学作品和绘画艺术中出现了带翅膀的人。这种带翼的人在汉代（前206—220）就有了。同时，还有带翼的神龙、神虎、神马等等。

山东省嘉祥县一座东汉时代的坟墓——武氏石室，室内的石壁刻有长着双翼、四翼和六翼、站立着或在空中飞行的人的图画。

河南南阳汉代画像石上有一幅雷公车图，画像为雷公车，车下云气簇拥。车上树鼓，有羽葆和华盖。车上乘两人皆肩生羽翼，车前有三翼虎，纤索挽引，云气飘飞，羽葆翻卷，加上三虎肢、体、尾在飞腾中拉成一线，有风驰电掣之感。另一幅为"白虎、羽人"图，右刻翼虎，张口怒目，尾翘扬。后有羽人翼驰张，体前倾，臂前伸，追逐翼虎。还有一幅"应龙、羽人"图，右刻一应龙，两角，长舌吐伸，振翼做升腾状。龙尾之后有一羽人，细腰，修颈，背生两翼，回首遐望。这种带翅膀的人是古人向往、探索用翼飞行的最好例证。

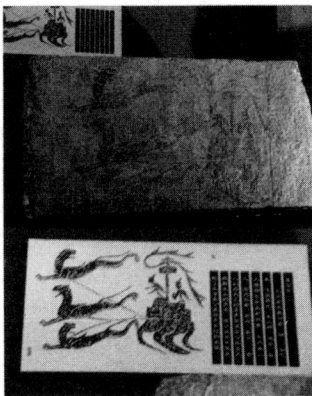

雷公车图

《山海经》中有一幅超级怪异图——敦洬，可能是古人通过对人、兽、鸟三者的比较认识到：人的头脑比飞禽走兽发达，而野兽的力气比人、鸟都大，飞行离不开翅膀，因而创造出人面、兽身、鸟翼三合一的敦洬图。飞行器的基本要素：控制、动力和翼。人面代表高等智慧，相当于飞行器操纵、控制系统；兽身表示力大无穷，相当于飞行器发动机；鸟翼象征展翅高飞，相当于飞行器的翼。可以说，敦洬是古人向往飞行，对人、兽、鸟三者的"部件"重新进行组合的最佳方案。

幻想生一双翅膀或自己制造一副翅膀来实现飞行的愿望，并非只有中国才有，世界上其他一些国家也有。国外著名的传说：工程师代达罗斯和他的儿子伊卡洛斯，被国王米诺斯监禁在克里特岛的一座迷宫中。代达罗斯和他的儿子用蜡和羽毛为自己做了翅膀，从而逃了出来。代达罗斯用这副翅膀成功地飞到那不勒斯，而伊卡洛斯对这种新的飞行欣喜若狂，没有听他父亲的忠告，飞得离太阳太近，致使蜡翅膀融化，坠海身亡。另一位飞人，是斯堪的纳维亚神话中的能工巧匠韦兰。他为自己做了一件金属翼衣，并穿着这件翼衣飞行过。公元前9世纪，英国第九个国王——莎士比亚作品中李尔王的父亲布拉德，他给自己造了一副翼，并试图从特里纳万图姆（伦敦）的阿波罗宫出发，飞越该城上空，但他坠地摔死了。

《圣经》中的天使们都生有一双翅膀，凭借这副翅膀，天使们能天上、人间自由来往。是否具有飞行能力成为天使与凡人最根本的区别。可见，在古代无论是中国还是外国，对翼的崇拜及依靠翅膀来飞行的想法都是一致的。依靠翅膀来飞行的神话传说，在全世界许多民族中都来回地传播着。人类受鸟类飞行的启示，首先想到借助翅膀来飞行。但是，从带翅膀的人到研制成带翼的飞行器飞上天空经历了一个艰难、曲折、漫长的过程。

马克思曾说："任何神话都是用想象和借助想象以征服自然力，支配自然力，把自然力加以形象化。"人类实现在天空飞行的愿望，征服太空的历史，正是从神话开始的。

知识点

火 药

火药是中国古代的四大发明之一，它不但体现了中国古代劳动人民的智慧，也为世界文明的进程，尤其是在军事及后来的航天领域，做出了突出的贡献。火药的发明得益于中国古代的炼丹术。火药之所以称之为"药"，就是因为这种黑色或褐色的粉末在最初的时候是被当做药来服用的。

火药是由硝酸钾、木炭和硫黄按一定比例混合而成，最初均制成粉末状，以后一般制成大小不同的颗粒状，可供不同用途之需，在采用无烟火药以前，我国发明的火药（又称黑火药）一直用作唯一的军用发射药。

古人尝试飞行的努力

从古到今，人类一直在梦想有朝一日能飞上天空，像鸟儿一样自由地飞翔。古人们对鸟儿具有的这种天生而神奇的本领非常迷惑，以为人类也一定能学会飞翔，于是，古人们便做了许多在我们今天看来十分可笑的事情。

　　人类对鸟的崇拜，体现在古今中外许许多多的神话故事之中。在我国的古代，人们就塑造出了天马的形象，它的两边长着像鹰一样雄健的翅膀。古希腊的太阳神，也被描绘成头戴翼帽、脚蹬飞鞋的样子。除此之外，还有很多诸如《天方夜谭》中飞毯的传说。

　　不过人类并没有停留在幻想上，有不少令人看起来是愚人的先驱，做出了不计其数的惊人尝试。

　　1900 多年以前，我国西汉的一位"飞行家"，在当时的国都长安举行了一次飞行表演。这个人用大鸟身上的羽毛做成翅膀，据说飞行了数百步远。

　　不过也有人并没有这么幸运。一个名叫约翰·达米安的青年人，用鸡的羽毛做成了一个像鸟一样的翅膀，他希望用这副有趣的翅膀从苏格兰飞到法国。有那么一天，他信心十足地站在苏格兰的斯特林城堡的高墙上，展开翅膀，扇动着跳了下去……

　　奇迹没有产生，结果是他坠地了，并摔断了大腿骨。尤其可笑的是，他并不认为他的这种行为是愚蠢的，却将飞行失败归咎于没有使用老鹰的羽毛做翅膀。因为他认为鸡属于不会飞行的地面禽类。

　　17 世纪时，一位土耳其人自制了一副飞翼，从高楼上跳下。据说很幸运地飞行了好几千米远。

　　同样是另一位土耳其人，却没用飞翼。他穿上一件宽大的斗篷，里面用硬枝条撑着，希望能像蝙蝠一样飞行。飞行中，斗篷内的一根枝条折断了，斗篷无法撑开，他便坠地而亡了。

　　有的人认为双臂没有劲，靠双臂扇动翅膀是飞不上天的。于是，便有人用双腿绑上翅膀，用脚蹬着试图飞行。

　　意大利文艺复兴时期的著名艺术家达·芬奇，对鸟类和蝙蝠的飞行进行了观察和研究，设计出了一种用脚蹬来扑动翅膀的扑翼飞机，然而也没有成功。

现代的扑翼飞机

为什么人类即使有了像鸟一样的翅膀，还无法飞行呢？道理很简单，人类没有鸟类那样发达的胸部肌肉、那样快的心脏跳动和新陈代谢功能，也没有像鸟儿一样光滑的流线型体躯。

一只鸽子大约340克，所发出的飞行功率为18.8瓦，相当于每千克体重发出55.1瓦，它的胸肌约占体重的五分之一。而人类最好的运动员能发出的功率为367.5瓦，按70千克体重计算，每千克体重不过5.3瓦，不到鸽子的十分之一。如果人想仅仅凭借自身的力量飞行，还需要长15千克的胸肌和臂肌，胸部的骨头也要向外突出1米才行。

另外，人类的心脏相比鸟类要弱一些。人的心脏仅仅占整个体重的0.5%，而鸶鸟的心脏却占8%之多。可以做许多飞行特技的小蜂鸟，心脏竟占整个体重的22%。

由此，人们可以得出结论：人是无法靠自己的力量作扑翼飞行的。

这里仅仅讲述了一小部分古代飞行先驱的故事，今天当我们看到这些，或许会嘲笑他们多么的傻，多么的无知。实际上，在他们生活的时代里，他们中的许多人是那个时代学识最渊博的人，正是因为有了这些勇敢的先驱者，才有了我们人类今天飞行事业的成功。

知识点

扑翼机

扑翼机，又称振翼机，就是机翼能像鸟和昆虫的翅膀那样上下扑动，且重于空气的一种航空器。设想中，扑动机翼不仅产生升力，还产生向前的推动力。从古至今已经有很多人在这方面做了尝试。现代人设计的扑翼机翅膀是用各种合成材料做的，古代人的扑翼机"机翼"却是用地道的鸟禽羽毛做的，而"机身"就是活生生的人。

到目前为止，已经出现过很多种扑翼机的设计方案了，但由于控制技术、材料和结构方面的问题一直未能解决，扑翼机仍停留在模型制作和设想阶段。有趣的是，无意插柳柳成荫，扑翼机没有成功，人们用人力作扑翼飞行试验时，却派生了另外一种飞行器——滑翔机。

借助风力上天的风筝

秋高气爽的日子里，北京天安门广场的上空各式各样的风筝随风飘弋。你可知道风筝这一古老的民间玩具是利用风产生足够的升力而上天的？实际上，风筝飞上天的原理与滑翔机是差不多的，只是风筝被地面的人由线拉着，而滑翔机是由人在上面控制着随风滑翔而已。

风筝起源于我国汉代，那时常被用来发出信号，传达情报。公元前200年的时候，汉高祖刘邦手下的大将韩信将军，就曾用风筝来测量离敌人营寨的距离。后来，在14世纪的时候，风筝传到了西方，风筝也成了小孩玩耍的玩具。

中国的风筝通常是长方形的，后面带着飘穗，传到西方以后就变成了各式各样的形状。现代的风筝更是五花八门，有长龙形状的，有蜈蚣形状的，但无论如何，它们都是由一些平面形状组成的，正是这些平面形状的部件，产生了使风筝上天的升力。

19世纪以前，人们一直没有意识到风筝是一种可以载人的飞行器，一直把它当做小孩的玩具。在欧洲，有一位教师制作了一个大型的拱顶风筝，用它拖着一辆马车飞快地奔驰。到了1804年，一位英国人利用风筝作为机翼，制成了

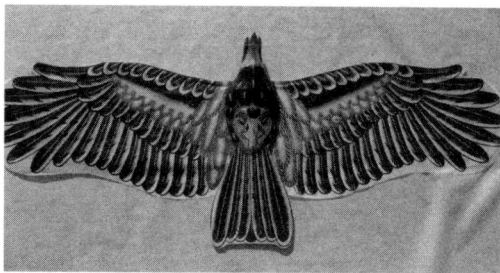

风　筝

第一架滑翔机，不过要靠绳子牵引着才能起飞。滑翔机，顾名思义，就是指利用天空中上升的暖气流在天空滑翔的飞行器，它不能靠自己的力量起飞和飞行，只能由其他东西（比如汽车或马车）牵拉着才能起飞，然后利用各种气流上升、下降和滑翔。

不过飞机的出现，并没有使风筝消失，它除了继续作为人们的玩具外，还可以用于其他的目的。当船遇到了危险，人们就放出风筝，以示报警。气象学家把风筝做成风箱似的，利用它把气象仪器送上几千米高的空中。在第

二次世界大战时，德国的潜水艇曾用风筝载人，放到相当高的空中，以观察敌方的船队。

在和平时期，风筝也成了大人们的玩具，他们把钓鱼绳系在风筝上，然后把风筝放起来，这样可以把钓鱼绳放到老远的地方，钓到一些大鱼，甚至让风筝拖着滑水。

实现人类飞行梦的热气球

在古代，人们更多地注意观察飞鸟，并希望能模仿鸟儿那样飞翔。因而，利用特殊的物质来克服地球引力的想法出现得很晚。

实际上，这种奇特的物质就在人们司空见惯的许多现象中隐藏着，等待着具有丰富想象力的人来发现它。在热气球还未问世的时候，谁也没有对火山喷发和森林火灾产生的热气和烟尘不断上升这两种十分平常的现象进行过思考，提出过问题：为何热气和烟尘会直接上升而将尘埃带到高空去呢？

人总归是聪明的。公元前 3 世纪的时候，古希腊的科学家阿基米德在洗澡时，从澡盆溢出水这一平常的现象中发现了真理，发现了浮力，解释了物质可以在水中漂浮的现象。我们知道的古代神童的故事——曹冲称象，就是不自觉地利用了阿基米德定律。此后，很长一段时间，没有人将这一原理用到空气或气体之中。

直到 18 世纪，法国的一位普普通通的造纸工人约瑟夫·蒙特哥菲尔，成了发现这一科学真理的有心人。有一年的冬天，他下班回家，坐在壁炉前烤火。忽然间，他开始琢磨起来：为什么烟和许多的烟尘会自动地沿着烟囱消散出去呢？是什么力量使它们上升的呢？他进一步设想：能否将带动这些尘埃的热气体收集起来，把人和物提升起来呢？

为满足这一好奇心，他马上用丝绸做了一个口袋，在口袋的下面点燃了一把火，将袋内的空气加热，眼见着口袋鼓了起来。使他更惊奇的是装着热空气的口袋竟然飞了起来，飞到了房屋的天花板上。

他又做了一次更大的实验：用丝绸做了一个大口袋，在室外加热，大口袋上升了 20 多米高才因热空气冷却而掉下来。

1783 年 6 月 5 日，他的热气球第一次升空，上升高度约为 1800 米，10 分钟后降落，飘移了约 2000 米的距离。法国学术协会曾邀请他到巴黎去表演。此后又经过多次研究和改进，到 1783 年 9 月 19 日，约瑟夫·蒙特哥菲尔决心表演载"乘客"的飞行。这一天，观众有 10 万多人，法国国王路易十六和玛丽皇后也亲临御览。这只热气球直径约 12 米，是用轻质纱和纸做成的。气球下面吊挂的笼子里载着一只羊、一只鸭和一只公鸡。这只热气球飞到 500 米的空中，8 分钟后在 3000 米以外降落。3 个"乘客"落地后神气昂扬，看来毫无损伤。于

热气球

是，约瑟夫·蒙特哥菲尔兴高采烈地宣布，下一次试验所载的乘客，将是活生生的人。

国王考虑这种试验危险性太大，想让已被判处死刑的囚犯来充当乘客，并声称，有愿意乘坐气球试验者，成功后即恢复他们的自由。当时，一位勇敢的法国青年罗齐尔挺身而出，向国王禀道："不能把人类第一次升空的荣誉给一名罪犯，我本人愿充当乘客，即使死去也在所不惜。"这位青年在巴黎也有点名气，他有一项当时被认为是惊人的杂技表演，就是他先吸一口氢气，含在口中，然后趁吐出之际，用一支雪茄把它点燃。罗齐尔又找到他的一位朋友阿兰德斯，两人决心同去冒险。国王鉴于两位青年的热情，终于同意他们两人乘热气球升空。

这个人类历史上第一次载人的气球，上下长约 24 米，球体中间最宽处直径约 15 米，呈椭圆形。气球下方悬一金属火盆，环绕火盆的则是用柳条编的载乘客的吊篮，乘客坐在吊篮里，能不断向盆中添加燃料。

1783 年 11 月 21 日，人类第一个载人气球升空，这一惊人之举轰动了当时的巴黎，一时间十室九空，途为之塞，人们一齐拥向邦龙试验场。只见一只黄蓝两色的巨大气球悬挂于两樯之间，下面正燃着熊熊烈火。下午 1 时 45 分，路易十六的攻城大炮一声巨响，立在气球下的蒙哥菲尔兄弟挥舞大刀砍

断缆索，气球向空中飘去。

根据记载，这一气球在空中飞行了25分钟，飞行高度约900米，最后在巴黎近郊一块麦地里安全降落。罗齐尔和阿兰德斯两人从塌缩的球囊下爬出，毫无损伤，两人彼此握手，互相道贺终于又活着回来了。路易十六为表彰两兄弟的功绩，特授予他们圣米歇尔勋章。

后来没多久，一位法国科学院的教授发现，用氢气充满气球升空比热气球更安全，并乘氢气球横跨了巴黎城。此后不到1年，就有人乘氢气球飞越了英吉利海峡，从法国飞到了英国。

气球问世了，但大多数的人并不知道气球究竟有何用。有人问在法国访问的美国科学家本杰明·富兰克林，他很风趣地回答说："刚生下来的婴儿有什么用？"

后来发生的许多事情，都证明气球有许许多多的用途。

1870年，普鲁士军队包围了法国首都巴黎，切断了巴黎与外界的一切通道。为了向城外传送极其重要的公文，法国人便利用气球，从普鲁士军队的头顶安全飞过，开辟了人类航空史上的第一条"空中航线"。

第二次世界大战时，为防止德国飞机的轰炸，英国人聪明地利用气球，在伦敦市区的周围拉起了许多道空中拦阻网，有效地防止了德国飞机的入侵。

日本在第二次世界大战的末期，曾利用气球吊上炸弹，让气球随着从西太平洋吹向东太平洋的气流飘向美国的本土。尽管未造成很大的伤亡，但让美国人着实恐慌了一阵子。

就是在今天，气球也没有被淘汰，仍被广泛地使用。利用它装上通讯仪器和天线设备送到空中，用一根绳子固定好，便是今天的系留卫星。利用它，可以大大加强通信、雷达和侦察等方面的能力。

气球有一个最大的缺点就是只能随风飘动，无法按人的意图进行航向的控制。尽管早期有人在气球上面装上了桨，但终究因为太笨重而被抛弃。

知识点

阿基米德定律

阿基米德定律是物理学中力学的一条基本原理。浸在液体里的物体受到向上的浮力作用，浮力的大小等于被该物体排开的液体的重力。这条定律不但适用于液体，在气体中同样适用。

可以控制飞行方向的飞艇

当我们看到早期的气球设计图时会发现，几乎所有的设计图都毫无例外地设计了"帆"或是画上了"桨"。因为当时的设计人员错误地认为，比空气轻的飞行器就像比水轻的船在水中航行一样，安上了"桨"和"帆"就能使气球保持航向，沿着预定的航线行驶。

过了很长时间人们才认识到，气球只能随着气流的移动而飘动，因此，"帆"和"桨"都是多余的。要使气球成为可控的航空器，必须增加新的技术成分。于是，气球就演变成另一种更实用的航空器——飞艇。

"飞艇是一种有推进装置、可控制飞行的轻于空气的航空器。"从以上定义可以看出，它是一种轻于空气的航空器，也就是说它的上升力是来自充填飞艇的气体，这一点是与气球相同的。但它与气球又有本质性的差别，它装有推进装置，并可控制飞行方向，也可以说是一种可操纵的气球。

飞艇可分为三种：软式飞艇、半硬式飞艇和硬式飞艇。软式飞艇和半硬式飞艇的形状靠气囊内的气体压力来"维持"；而硬式飞艇的艇体是由刚性的骨架和外罩蒙布（或薄铝片）构成的，其外形与气囊内的气体压力无直接关系。

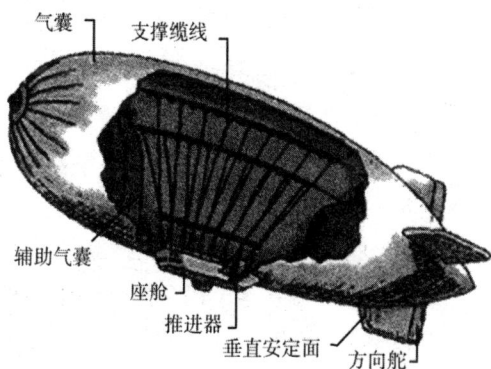

飞艇的构造

以上是对飞艇知识的简单介绍，下面让我们回过头来看看飞艇的兴衰。

1784 年，法国的一位技术军官设计了一艘可以控制飞行的飞艇。这位军官名叫梅斯尼埃，后来在战争中阵亡，死时已是一位将军。他设计的飞艇利用气囊内气体的压力来保持它的形状，这个原理和现在应用的软式飞艇的原理基本相同。

飞艇的外形酷似一支雪茄烟，这种外形很适用于飞艇，因而后来竟成了飞艇的"通用外形"。为了使飞艇能够依靠自身的动力飞行，他还为飞艇设计了3个双叶片的螺旋桨。当时因为人类还没有研制出发动机，他设想用一个由80人组成的乘务组以人力来驱动螺旋桨！这种想法虽然最终未能实现，但他的整个设计却是一个伟大的创举。在飞艇的发展过程中，梅斯尼埃"功不可没"。

后来，有一个叫梅森的英国人，他所制造的一个小型飞艇，靠发条装置驱动螺旋桨来推动，每小时可飞行8千米，但这个飞艇是一个不可操纵的飞艇。

世界上第一艘可操纵的飞艇是一个叫吉法德的法国人制造的。他把船上的发动机安在了飞艇上，让发动机来带动或推动飞艇前进和升空。这艘飞艇长44米，直径12米，飞艇上安装了一个蒸汽发动机，这台发动机可以驱动一副3个叶片的螺旋桨。1852年9月，吉法德操纵飞艇从巴黎的马戏场起飞，以每小时8千米的速度飞行，3个多小时后，在离巴黎大约28千米之外的德拉普降落。因为这个飞艇的升高是采用热气球的原理，而前进是采用了螺旋桨，所以说人类进行了有动力的半操纵飞行。

世界上第一艘能持续飞行的飞艇，是法国军官勒纳尔和克雷布设计的。这艘名叫"法国号"的飞艇，装有一台9马力的发动机，飞行时速可达到20千米左右，而且还可进行全方向操纵。

以上这些飞艇基本沿用了气球的结构形式，即软式结构。软式结构的飞艇刚度较差，而且无法做得很大，运载能力和飞行时间都受到很大限制。

19世纪末，铝合金问世，由于它很轻，又很坚固，很快就被用来制造飞艇。人们用铝杆做骨架，用薄铝板做气囊外壳，制成了硬式飞艇。硬式飞艇技术由德国人齐柏林开创。

从1887年开始，齐柏林就计划建造一只不同以往的，能够完成长途运输和空中作战等多种任务的大型飞艇。他的这种硬式结构的特点是，艇身全部采用铝制架制成，框架外部有织物蒙皮。框架把飞艇分成十几个舱室，每个舱室中放置一个气囊，一艘飞艇的气囊由十几个小气囊组成。

齐柏林飞艇开创了轻航空器新时代。1909 年，齐柏林创办了世界上第一家民用航空公司——德莱格飞艇公司，利用飞艇开始了空中运输业务。航空史上的飞艇时代从此开始。

飞艇问世后，被用于军事。1914 年，第一次世界大战爆发，同年 8 月 5 日夜，德国的齐柏林飞艇首次轰炸了法国列日要塞；1914 年 12 月 19 日，齐柏林飞艇首次轰炸了英国本土；1915 年 3 月 20 日又轰炸了巴黎；1915 年 8 月 5 日，德国又出动 5 艘齐柏林飞艇轰炸伦敦。

飞艇的体积大，速度低，灵活性很差，因而极易受到攻击。同时，由于飞机的性能不断提高，所以飞艇在军事上的应用从第一次世界大战后期开始逐步被飞机取代。但民用运输中仍应用飞艇。

在民用飞艇方面，德国一直居领先地位。1929 年，德国制成巨型商业飞艇"齐柏林伯爵"号，曾载客 16 人首次进行了环球飞行。1936 年，德国制成了"兴登堡"号飞艇，艇长 245 米，直径约 40 米，曾 10 次往返于德国和美国之间，运送旅客 1000 余人。

1937 年 5 月 6 日，"兴登堡"号飞艇越过大西洋，正准备在美国新泽西州降落时，大气中的静电点燃了飞艇泄出来的氢气。瞬时间，引发了熊熊烈火。97 名旅客中有 37 位不幸罹难。这次航空史上的大悲剧，导致了飞艇的衰落。自此以后，作为运输工具的飞艇逐渐"销声匿迹"了。

直到 20 世纪 70 年代，由于能源危机和环境问题，人们想到曾辉煌一时的飞艇时代。飞艇节省能源并可降低环境污染，同时为了满足一些大型、不可分的整体货物运输要求，人们提出了以现代技术为基础，并采用安全的升力气体——氦来开发新一代飞艇。由此也引发了一些国家，如英国、美国等，开始进一步探讨、论证现代飞艇的各种方案，并制造了一些试验艇。

随着现代科技的发展，新能源、新材料、新设备被配置到飞艇上，使古老的飞行工具焕发出新的活力。现在的飞艇，在民用领域，主要探讨定期航班、旅游、航测、环保监测、大型货物吊运、海上救援等用途；在军用领域，主要探讨反潜、预警、布雷、巡逻、侦察等任务的适用性。

⋯⋯▶▶ 知识点

密度与浮力

热气球和飞艇是怎样借助空气的浮力上升的呢？其实，这里的秘密在于气体的密度。根据阿基米德定律，我们可以知道，在气体或液体中，物体所受到的浮力等于它所排开的同体积的气体或液体的重量。热气球和飞艇中所填充的气体密度都比空气小，这样一来，它们所排开的同体积的气体的重量就要比热气球或飞艇的重量大。也就是说，热气球和飞艇所受的浮力只要比自身的重力大，它们在浮力的作用下便可以升空了。

模仿鸟类飞行的滑翔机

从海鸥的展翅翱翔和风筝的飘飞，人们了解到像鸟翼一样呈拱形的物面，可以产生向上的升力，便产生了模仿鸟儿飞行的念头。

1891 年的夏天，在德国柏林城边上，有一个叫德尔维茨的村庄。一位 40 岁的工程师奥托·利林塔尔对飞行着了迷，此刻他一身运动员般的打扮——白色紧身短裤、棉布衬衫，浑身充满了力量。他站在山坡上，站在两个捆得很结实的机翼之间，奔跑起飞后，他的整个身子挂在滑翔机下面，前臂支撑着身子，利用身躯的摆动来保持滑翔机的稳定和平衡，第一次他仅仅飞行了 15 米。

从 1891 年到 1896 年，他进行了 3000 次试验后，可以滑翔 250 米。他制造的滑翔机还没有操纵飞行的装置，只能通过改变身体的重心来控制飞行。

后来的滑翔机被人们做了很多的改进：加长了翅膀，安装了灵活的飞行操纵装置，飞行员再也不必悬挂在飞机上了，可以舒适地坐在驾驶舱内操纵。现代的滑翔机有着长长的机翼，飞起来就像老鹰盘旋翱翔一样，它能利用上升的暖气流飞到很高的高度。尽管人们对滑翔机进行了多方面的改装，但它仍只能算飞机家族中年龄最大、构造最简单的成员。

不过，你可别小瞧它，其实，这不起眼儿的滑翔机，还曾在第二次世界大战中派上过大用场呢！

那是在 1940 年的 5 月，法西斯分子希特勒的广播电台向全世界发出特别公报：

"德国军队一举攻克了德国、比利时边境的艾伯特防线，正向比利时心脏地带布鲁塞尔挺进……"并大肆渲染道，德国军队是用一种暂时保密的最新攻击样式取胜的，下一步的战争中还将以此获胜。谁曾想到，这个所谓的"最新攻击样式"，实际上就是利用滑翔机进行攻击。

滑翔机

艾伯特防线是在德国和比利时边境上，由比利时人精心构筑的坚固防线，它主要是为了抵御德国的侵略而修建的。第一次世界大战时，德国人为攻破这一防线付出了惨重的代价，只得灰溜溜地放弃攻击。

艾伯特防线以其中心的埃马尔要塞为核心，四通八达，左右呼应。埃马尔要塞修筑得十分坚固，要塞的一侧是悬崖绝壁，一条大河从悬崖下流过，要塞内配备了 40 多门巨炮，并有守军 1000 多人，火力网严密地控制着横跨河流的三座桥梁。遇到危急情况时，可以居高临下狙击敌人，必要时，可以随时将大桥炸断，真是"一夫当关，万夫莫开"。要塞后是一马平川的比利时平原，要塞一旦失守，比利时便危在旦夕。因而，比利时的安危全系艾伯特防线，而防线安危则全系埃马尔要塞。

狡猾的希特勒深知要塞之坚固，硬拼是无法攻破要塞的，何况还有第一次世界大战中德国为攻打要塞付出了 25000 多人生命的前车之鉴。在考虑作战计划时，他的大脑里突然蹦出来一个惊人的想法——用滑翔机偷袭要塞。

5 月 10 日凌晨 3 时，40 架德军的滑翔机在运输机的牵引下飞向天空。当接近了艾伯特防线时，运输机松开滑翔机，让这 40 架滑翔机悄悄地向埃马尔要塞飞去。除 2 架滑翔机返航外，其余的都无声无息地降落在埃马尔要塞的顶部平台上，80 名德国士兵在 10 分钟内便将要塞全部占领。随后，大批的德国军队跨过大桥，侵入比利时，号称"欧洲最坚固的要塞"被轻而易举地攻陷。

第二次世界大战中，另一件利用滑翔机参战的事件也十分有趣：

1943 年夏天，意大利法西斯帝国面临崩溃，意大利国王为拯救自己的国家，决定将法西斯头子墨索里尼逮捕，准备将枪口对准法西斯德国。

国王将墨索里尼关押在一座海拔 2000 多米的高山上。墨索里尼的囚禁地是一座三面都是悬崖的山腰旅馆，与山下联系的通道只有一条缆车索道，山下各路口有重兵把守。然而，在旅馆后有一块小平地———一个小型的射击场，正是这个射击场帮了希特勒的忙。

希特勒为救出他的法西斯盟友，向这座山腰旅馆派出了 12 架滑翔机，其中 2 架在那块小射击场降落，仅 3 分钟便将呆若木鸡的墨索里尼救出，再由轻型飞机将墨索里尼带走。

这次不可思议的营救，被人称为"魔鬼的杰作"。

从这两个战争奇闻中，你也许会明白：简单的东西，往往有它意想不到的作用。滑翔机这种简单的飞行器在今后的战争中，说不定还会建立战功呢。

飞机引领人类进入飞行时代

FEIJI YINLING RENLEI JINRU FEIXING SHIDAI

尽管人类为了实现飞翔之梦、征服太空而努力了数千年，并发明了热气球、飞艇等主要依靠空气浮力升空的飞行器。但是这些飞行器无论是在安全性还是在操纵性等方面都存在许多缺陷。这不但限制了这些飞行器的发展前景，也使得人类必须另辟蹊径，在征服太空之路上继续探索。

1903 年 12 月 17 日，美国著名科学家莱特兄弟制造的飞机首次试飞成功，从而完成了人类历史上第一架有动力、可载人、并且持续稳定的飞行器。飞机的成功升空是 20 世纪中人类最伟大的创举之一，它是人类征服太空之路上的一座里程碑，标志着飞行时代的到来。从此之后，飞机工业开始飞速发展，各种飞机如雨后春笋，层出不穷，人类离征服太空之梦的实现也越来越近了。

莱特兄弟开创了飞行时代

真正的飞机应该是可以依靠自身的力量起飞，并且由飞行员随意地操纵，上升、转弯、向下俯冲的，就像一只大鸟，天空是它自由快活的世界。

尽管很早人们就模仿鸟类制造出了各式各样千奇百怪的飞行器，如滑翔机、扑翼机等，但它们都不是真正的飞机，它们只能像风筝一样，靠风的力量起步，在天空飞行。如果天空中无一丝的风，它们就无法上天，更谈不上在天空翱翔了。

翻开人类的航空史，就会发现世界上第一架真正的飞机是由美国的莱特兄弟发明和制造的，至今已100多年了。

在20世纪初的1900年，美国俄亥俄州的代顿市，有一对开自行车商店的兄弟，他们当时30多岁，兄长叫威尔伯·莱特，弟弟名叫奥维尔·莱特。他们经营自行车的制造和销售已有多年，有了一些钱并积累了一些制造方面的经验。于是，他俩便开始将注意力转向制造飞行器，以满足和了却兄弟俩从少年时代起就萌发的在天空飞行的夙愿。

当时，人们制造的飞行器只是一些类似风筝一样的滑翔机，和一些不能飞起来的扑翼机，没有任何真正有用的经验。图书馆里少有的几本书也是错误百出。但这时人们的确发现了一个真理：拱形的物体可以在流动的空气里获得升起来的力量。莱特兄弟一开始就注意到了这一点。

他们首先制造了一架双翼风筝式的滑翔机，像放风筝一样被放到了空中。不过，这架滑翔机是无人驾驶的，依靠绳子来操纵，可以转弯和依靠风的力量爬升。莱特兄弟将这架飞机的机翼做得弯弯的，就像展开了的老鹰的翅膀。为了产生更大的升力，机翼做成了上下两层。当时，他们不知道，并不是多层机翼就一定会产生更大的升力，即使是升力大了，因为多层机翼制造需更多材料，而增加的重量也可能将这部分增加的升力抵消掉。

为了进一步掌握操纵飞机的道理，他们造出了另一架靠人操纵的滑翔飞机。不过，这种飞机的样子很怪，它的升降舵不像现代飞机那样装在飞机的尾巴上，而是装在双层机翼的前面，也没有什么驾驶舱，驾驶员趴在机翼上，依靠移动身体的位置来操纵滑翔机飞行。起飞的方法也十分可笑：一人抓住一个机翼，迎着狂风向前猛跑，就像放风筝一样。时常在飞行中稍不小心，就从空中栽下来，不过好在升降舵装在飞机的前面，飞机坠地时，可以起到缓冲的作用，使莱特兄弟不受伤害。他们进行了上千次的滑翔飞行，也不知从空中摔下了多少次，从这些飞行和失败中积累了许多宝贵的经验。

1903年夏天，莱特兄弟在对200多个机翼剖面进行反复的实验比较后，制造出了一架机翼长达10米、面积有29平方米的飞机，并第一次将一台可以产生8820瓦动力的内燃机装在飞机上，用来带动一个直径2.55米的木头做的螺旋桨，从而产生向前飞行的拉力。8820 瓦就好比 12 匹马在拉着飞机向前跑。

这第一架飞机在 1903 年的冬天作了第一次飞行。飞机没有装起飞着陆的轮子，莱特兄弟发明了一个奇特的起飞装置，使飞机弹射起飞。他们将飞机放在 20 米长的滑槽上，用绳子拴住飞机，绳子的另一头系在木制塔楼上的一个重物上，比如一块大石头或者一大麻袋的泥土。当重物从高高的塔楼上落下时，就牵引着飞机高速地从滑槽上飞起来，颇有点像我们今天看到的在航空母舰上飞机的弹射起飞。

人类第一次真正飞机的飞行是具有特别意义的，即使是莱特兄弟这样两个亲密无间的人，都因为究竟该谁第一个操纵它而争执不下，兄弟俩只好以掷硬币的方式决定谁先飞。结果是兄长威尔伯赢了，但他却未能成为这架飞机的第一个飞行员，因为在起飞时，他操纵失误，飞机刚起飞便一头栽到了沙滩上。

这架名叫"飞鸟"的飞机在轮到弟弟奥维尔试飞时，却表现得十分出色。1903 年 12 月 17 日早晨，奥维尔·莱特成为第一个驾机实现连续操纵飞行的人。这次具有历史意义的飞行总共只有 12 秒的时间，飞行的距离也不过 36 米远，但这毕竟是当时人类的首个飞行纪录，是人类的第一次随心所欲的自由飞行。同一天，接着的第三次飞行，持续了 59 秒，飞行了 255 米远。人类从此进入飞行时代。

此后，莱特兄弟又对飞机进行了无数次的改进。1905 年，他们制造的飞机，不仅能任意地倾斜、转弯，还可以毫不费劲地在空中做划圆圈和"8"字飞行。1908 年，莱特兄弟驾驶着他们新制造的装有一台功率为 22050 瓦的发动机、两副螺旋桨的飞机，在法国进行了一次公开表演，飞行速度为每小时 60 多千米，比当时的火车速度快 2 倍，引起了全世界的轰动。

莱特兄弟的飞机进入欧洲以后，欧洲的飞行先驱将它进行了巨大的改进，将升降舵移到了飞机机翼的后面，也就是尾巴上，这就是今天飞机的雏形。最后一架改进型的莱特飞机出现在 1915 年，它装有一台 51450 瓦的发动机，能用于军事侦察飞行，这大概是第一架军用侦察飞机。

知识点

内燃机

内燃机是将液体或气体燃料与空气混合后，直接输入机器内部燃烧产生热能再转化为机械能的一种热机。内燃机具有体积小、质量小、便于移动、热效率高、启动性能好的特点。内燃机的构想在17世纪中叶出现，并于19世纪末发展完善。

内燃机，特别是汽油机和柴油机的出现，是第二次工业革命的重要成果，它们为交通运输业开辟了广阔的前景。1886年装置汽油机的汽车诞生，开始了汽车工业的新时代；1887年汽油机驱动的轮船开始在江河湖海中出没往返，开辟了水上运输的新纪元；1903年装上汽油机的飞机开始翱翔长空，揭开了人类航运的新篇章。

冯如和中国航空事业的起步

1909年9月21日，中国旅美华侨冯如，在美国奥克兰州派得蒙特山附近的平坦空地上，驾驶一架有动力的飞机试飞成功，取得了飞行高度4.57米、飞行距离804米的成绩。9月23日，美国《旧金山观察者报》曾以《东方的莱特在飞翔》为题，报道了"天才的中国人冯如自己制造飞机并装上自制的发动机进行试飞"的经过，并作出了"在航空领域中，中国人把白人抛在后面"的高度评价。冯如集研制飞机和驾驶飞机于一身，因而我国的航空史学界称他为中国第一个飞行家。

冯如，字九如，1883年12月15日生于广东省恩平县。12岁时赴美国当童工，夜间学习英文，后在一家工厂当工人。白天他在工厂从事繁重的劳动，夜间努力攻读有关机械学方面的书籍。经过几年的潜心研究，他在机器制造方面已积累了不少知识和经验。1906年，冯如在旧金山与当地华侨和亲友集资创办飞机制造公司。1907年，在冯如主持下，广东机器制造厂在奥克兰市成立，开创了中国人前所未有的事业——研制飞机。经过2年的艰辛努力，终于在1909年9月制成一架可以载人的动力飞机。尽管这架飞机在第一次试飞时坠毁，但这并没有使冯如灰心，反而促使他继续探索改进之法，经历了6次失败后，终于在第7次制成了一架性能良好的双翼机，并于1911年1月~2月间，在奥克兰市多次做飞行表演。表演中，创造了时速为105千米的新纪录，并在100米高度上飞行了35千米。孙中山先生当时也在美国，在参观了冯如的飞行表演后，在冯如的飞机旁对着冯如和广大侨胞发表谈话时，第一句就是："我们中国有杰出的人才"，对冯如的飞行成就大加赞许，并鼓励他回国为祖国同胞服务。

1911年3月，冯如回到祖国。不久，辛亥革命爆发，冯如即投身革命，参加广东革命军，被任命为陆军飞机队队长。这支飞机队虽因筹备不及，未能参加北上作战，但却增强了革命军的声势。

1912年8月25日上午，冯如在广州燕塘大操场做飞行表演时，因飞机坠地失事而受重伤，经医院抢救无效而不幸牺牲。

冯如牺牲后，广东军政府陆军司下令表彰其开创中国航空事业的功绩，说"冯如以聪慧之姿，习飞行之术，殚精竭智，极深研几，不期初次试验，遽遭伤死，当从优抚恤，以慰前烈，俾旌来者。"并经临时大总统批准，按少将级军官阵亡例，拨款银元1000元抚恤其家属，并将其事迹宣付国史馆。

冯如死时29岁，葬于广州黄花岗72烈士墓陵园内，碑文正面镌字为：中国始创飞行大家冯如之墓。

飞机升空与气流的奥秘

我们知道热气球上天是因为气球内的气体比空气轻，产生了向上的浮力。那么飞机在空中不掉下来，是与飞艇一样依靠浮力吗？不是。它靠的是空气流动时产生的作用力。

最初试造飞机的人并不了解这种作用力，只是从风筝上天得到了启发，知道比空气重的东西依靠风的力量可以升空。为了揭开升空的秘密，了解这种空气的作用力，人们不断地做滑翔机的飞行试验，利用山坡迎风一面的上升气流进行滑翔飞行。那时飞行原理和气动力方面的知识虽然积累得很少，但实践者却凭经验造出了能够飞行的飞机。他们将机翼做成薄薄的拱形，这样就可以利用机翼产生的升力飞行了。

最初的飞机很不完善，机翼是模仿风筝造的，在骨架上蒙一层薄布或薄板，这种飞机常常会突然倒栽下来。随着人们试验的深入和经验的积累，人们弄清楚了，要飞机不出事故，机翼的剖面形状应该是圆头尖尾的。

现代飞机的机身和发动机等都是用金属做成的，不是铝合金就是合金钢。飞机还要载货或载人，重量很大，要使飞机升空，就得利用空气流动时产生的气动力。

为了更好地了解飞机升空的秘密，就先得了解低速飞机的机翼是怎样产生升力的。

低速飞机的机翼，不管它的平面形状（从上往下看）如何，从顺着来流的方向（即纵向）竖切一刀的话，其剖面形状总是：圆头、尖尾、弓背。

机翼剖面

由于机翼的存在，气流被分成两路绕机翼而过，由于机翼上下翼面的形状不同，则绕流的气流也将有不同的变化，气流沿着上翼面到 A 点，速度这时变化最大，超过了飞机的速度，后来逐渐减小。气流流到后缘处，速度差不多降到和远前方来流未经扰动时的速度一样大小，速度就是这样先快后慢地变化。科学家们经过分析知道：流过翼面的空气速度越快，它受到的压力就越低。因此，上翼面受到的气流压力也必先下降，到某一点压力达到了最小值，然后逐渐回升，到了后缘附近，上翼面的气流压力基本上和远前方气流的压力差不多了。

沿上翼面流动的气体，过了前缘不远，直到后缘为止，流速都大于远前方气流的速度，因此气流作用在上翼面的空气作用力是吸力。吸力可以看成是一个向上提升飞机的力。

沿着下表面走的气流，在机翼前缘附近某一点流速降到零，过此点之后，气流速度逐渐回升，到后缘气流速度还是没有超过远前方来流的速度，只是和原来差不多。因而作用于下翼面的空气作用力是向上的压力，所以整个下翼面受到的是一个向上托的力，这就是飞机的升力。

上翼面的吸力和下翼面上托的力，合起来将整个飞机机翼向上举起，这就是作用在机翼上总的空气作用力。机翼产生向上升力必须具备的条件是：

空气一定要流动（如风吹起来）或者飞机一定要滑动，如在跑道上滑跑，才能产生向上的升力；否则，飞机是不会升起来的。

翼面上受到的压力都是和各部分表面相垂直的。由于翼剖面的形状相当扁平，而且飞行时整个机翼和迎面风之间的倾角（一般叫冲角或攻角）也不大，所以这个总的空气作用力的指向几乎总是垂直于远前方来流的方向（即飞行的方向）的。这个力量有两个作用：一个是产生向上并垂直于远前方的气流（即飞行）方向的力，将飞机升起来；另一个则是产生平行于来流方向的力，将飞机的速度减慢下来，阻止它向前飞行。飞机为什么要装上发动机？其作用就是为了克服使飞机停下来的阻力，让飞机跑起来，产生升力。

当飞机平飞时，远前方流来的气流是水平的，飞机的重量是垂直向下的，而升力是竖直向上的，当升力不小于飞机的重量时，就托住飞机，使飞机保持在空中不掉下来。

飞机的升力主要是由机翼产生的。对于正常布局的飞机，后面的尾翼产生的力是向下的，不利于飞机，而新式的鸭式布局就对飞机增加升力很有利。

了解了上面的知识，我们便很容易理解为什么飞机在起飞前一定要沿着跑道滑行。当飞机滑行时，空气飞快地流过机翼和机身的表面，当飞机滑跑的速度越来越快时，空气流动的速度也就越快。如果飞机滑跑的速度超过某一速度，空气作用在机翼上的升力正好等于整个飞机的重量时，飞机就可以顺利地上天了。

我们也可以知道，原来说流过弯弯的拱形面时，上面的气流快，下面的气流慢，这样正好产生了升力。正是利用这一原理，飞机设计师总是要将飞机的机翼做成前面稍向下弯，后面装上可以活动的襟翼，这样飞机起飞时，只要将襟翼放下来，使两个机翼弯曲得更厉害，便会产生更大的升力了。当然不是越弯越好，这里面有很多复杂的学问，只有进行专门的研究才会清楚，这里就不详细介绍了。

•·····➤➤ 知识点

飞机滑跑与起飞速度

普通飞机在起飞的时候都要沿着跑道滑跑一段时间，以达到起飞速度。

我们已经知道，飞机起飞一定要克服重力，那么它所需要的升力 L 至少要等于重力才能起飞。飞机起飞时所需的升力公式为：$L = 0.5 \times \rho \times v^2 \times S \times C_1$，$\rho$ 为空气密度，v 为飞机与空气的相对速度，S 为机翼面积，C_1 为升力系数。

因此，有变形如下：$v^2 = 2L/\rho \times S \times C_1 = 2G/\rho \times S \times C_1$。确定了一架飞机的起飞重量 G，即可确定该飞机的起飞速度。

观察公式可发现，飞机的起飞速度与起飞重量、空气密度有关（因为型号确定，机翼面积和升力系数即确定，可视为常数）。因此，同一种型号的飞机，装载不同，起飞机场不同，实际的起飞速度也是不一样的。实际中，飞机最小起飞速度一般是 220~300 千米/小时，目前有些型号的战斗机起飞速度也就是 215 千米/小时。

飞机的设计与制造流程

在莱特兄弟制造飞机的 20 世纪初，人类制造飞机是无章可循的，那时人类正处在对飞行器设计的探索阶段，如何设计飞机，怎样制造飞机都凭人的直觉和经验，怎样设计和制造最科学，设计师们几乎一无所知。莱特兄弟的第一架飞机不就是将本该放在飞机尾部的升降舵设计在飞机的头部了吗？随着人类设计飞机的经验越来越丰富，飞机的设计和制造形成了一套几乎不变的程序，人们将积累的设计经验和用生命换来的教训写进飞机设计书中，让后人少走弯路。

现代飞机，无论是战斗机、轰炸机等军用飞机，还是民航客机、运输机，它们的设计制造过程几乎是相同的。

首先是飞机的用户提出对飞机的性能要求。比方说，要制造一架战斗机，空军的有关部门就应该提出战斗机的性能要求，如飞机的速度、每分钟可以爬升多少米、起飞距离、最大航程、最小的转弯半径，能够针对别国某种型号的战斗机进行有效的空中格斗等等，设计部门根据这些要求，开始着手设计方案；一旦这种设计方案完成，就开始下一阶段的风洞实验。

在介绍这种实验之前，我们先讲讲风洞为何物。大家知道，飞机在天上飞行，空气基本上是静止的，而飞行员则感觉有大风迎面扑来，飞行越快，风也就越大。人们在设计和制造飞机时，就利用了这种相对运动的原理，建立了专门的实验设备，它能够在一个管道内产生一股一定速度的气流，这种气流可以达到声音传播速度的好几倍，将设计方案中的飞机做成一定比例大小的模型，放在这种管道内，利用一些特殊的设备，测量模型上受到的气流对它的作用力（如升力、阻力），这种实验设备被人们称作风洞。飞机的模型固定在风洞内，气流迎面吹来，就像飞机在空中飞行一样。

经过风洞实验以后，根据收集到的数据，对方案进行修改，直至达到满意的程度为止。

现代计算机的计算速度和数据存贮量都很大，可以通过数学方程的求解计算，知道设计方案中飞机的受力情况进行修改，可以减少昂贵的风洞实验次数，降低设计飞机的费用。

一旦外形确定以后，就可以规划飞机内部的装置和结构，做出几架样机来，利用这几架样机再进行以下几项实验：

将样机放在飞机场的振动架上模拟飞行时的振动情况，日夜不停地进行振动实验，看看飞机的牢固程度。另外还做一些冲击实验，重压和牵拉实验来看看飞机到底能承受多大的破坏能力。

另外对一些样机进行试飞实验来检验它的飞行性能和稳定性能，不断修改，直到能使飞机驾驶员感到驾驶方便为止。

在所有的实验完成以后，由用户来进行验收，在用户认为符合最初提出的性能要求以后，飞机才算正式定型，开始批量生产，投放市场或者装备空军使用。

知识点

运动与静止

运动是指宇宙中发生的一切变化和过程，既包括保持客体性质、结构和功能的量变，也包括改变客体性质、结构和功能的质变。运动不是以物质外部附加给物质的可有可无的性质，而是物质本身固有的内在矛盾决定的不可缺少的性质和存在方式。运动和物质不可分离。"没有运动的物质和没有物质的运动是同样不可想象的"，也就是说，运动是绝对的。

静止是从一定的关系上考察运动时，运动表现出来的特殊情况，是相对的、有条件的。例如地面上的建筑物就其对地面没有做机械运动这一点而言是静止的。但是这种静止仅仅是从一定的"参考系"看来才是如此，从别的"参考系"看来又是运动的，如建筑物随地面一起围绕着太阳运转，又随太阳系一起在银河系中运转。

蜂窝结构给人类的启示

如果你有机会，可以去仔细观察一下蜜蜂的蜂窝，它的构造令人非常惊叹：它异常精巧，由无数个大小相同的房孔组成，每个房孔的一面都是正六边形，就好像照着图纸施工出来似的，整个房孔是一个正六面体，也就是说它的每个面都是正六面体。两个蜂房之间隔着一堵蜂蜡做成的墙。更奇怪的是，世界上无论哪里的蜜蜂，它们筑造的蜂窝都具有相同的结构。

蜜蜂窝结构

蜂窝的结构最开始只引起科学家的注意，他们用数学的方法证明了蜜蜂的"聪明才智"。蜜蜂用最少的蜂蜡造成了最大的空间房子，而且结构牢固。后来，蜂窝身体的这种奇妙结构也引起飞行器设计师们的注意。

人们在设计飞行器时，总希望飞行器本身的结构轻一点，这样可以装载更多的东西，比如人员、武器和燃料，但同时又要保证飞行器必须是结实牢固的。飞行器设计师们为解决这一对矛盾煞费苦心，真是"斤斤计较，两两计较"。你可知道，要想让1千克的物体达到第一宇宙速度，也就是说达到每秒钟飞行9.71千米的速度，所需要的能量相当于把1000袋水泥搬运到20层高的大楼上所需要的能量。就目前人类达到的航天技术而言，如果发射一颗1吨重的卫星，需要一枚50～100

吨的运载火箭来发射升空，也就是说，每减少 1 千克卫星的重量，运载它的火箭就可以减轻 500 千克。由此可见，减轻飞行器的重量有多么重要。人们从蜂窝的结构上找到了解决这一问题的答案。

在制造飞机机翼、航天飞机和火箭时，人们用金属、玻璃纤维或复合材料做成蜂窝状的格孔，再用 2 枚金属板夹接起来，就成了具有蜂窝结构的飞行器部件。这样加工出来的飞行器部件，结构轻，又具有很牢固的结构强度，不容易传热，又有很好的隔音效果。

如果你想试试这种结构的奇妙之处，不妨用硬纸板做一块具有蜂窝结构的模型，试试它的牢固、隔音程度。

知识点

仿生学

模仿蜂窝结构来完善飞行器的部件是在仿生学的基础上实现的。所谓的仿生学，就是指模仿生物建造技术装置的科学，它是在 20 世纪中期才出现的一门新的边缘科学。

仿生学研究生物体的结构、功能和工作原理，并将这些原理移植于工程技术之中，发明性能优越的仪器、装置和机器，创造新技术。从仿生学的诞生、发展，到现在短短几十年的时间内，它的研究成果已经非常可观。仿生学的问世开辟了独特的技术发展道路，也就是向生物界索取蓝图的道路，它大大开阔了人们的眼界，显示了极强的生命力。

克服音障的超音速飞行

当战斗机的速度达到每小时七八百千米时，驾驶员发现，尽管一个劲儿地加大油门，飞机的速度也不会增加，飞机俯冲时也往往不听操纵，有自动低头的趋势，有时还剧烈地振动，左右摇摆等。这是为什么呢？原来是飞机速度已经接近空气中声音的传播速度——音速。这一飞行上的难题，当时叫做音障，顾名思义，就是超越音速是飞行中的障碍。

那时人们只有低速飞行的经验，只是在枪弹、炮弹飞行方面早已积累了许多超音速的运动知识，枪弹、炮弹一出膛的速度就是超音速了。但是对于物体由低速加快上去、接近音速、最后超过音速的过程是不清楚的，以为飞机的速度接近音速时会有一个难以逾越的界限。

20世纪50年代中，人们进行了超音速飞行，当时这是飞行史上十分激动人心的事情。几十年过去了，现在人们谈论起超音速的飞行并不觉得有什么激动的，好像超音速飞行是天经地义的事情。但是你可否知道，当时人们在向音速冲击时，遇到了多大的困难啊！

声音的速度有多大呢？在日常生活中，我们有许多平时不曾深刻体会的实际经验，你一张嘴说话，我立即就能听到，似乎声音的传播不需要时间，但实际上，声音从一地到另一地的传播是需要时间的，只是因为它的传播速度相当快而已。在海平面上温度为15℃时，它的速度是每秒340米，即每小时1224千米，而说话的人与听话的人之间的距离又非常近，所以感觉不出传播所花的时间。在雷雨天，我们常能看到这样一个现象：先看到闪电后，才能听到远处传来的隆隆雷声。实际上闪电和雷声是在云层中同时产生的，只是因为闪电以光速每秒30万千米的速度传播，而雷声是以音速传播的缘故。

声音是怎么一回事？我们听到的声音，是发声物体的振动，通过空气传到我们耳膜的一种感觉，而它本身就是物体振动。物体振动之后，必然会带动物体周围的空气一起振动。就是说，物体振动时会使和它相接触的空气层时而受到压缩，时而又得到膨胀，这种时而压缩时而膨胀的运动，会从一层空气传到另一层，不断地向四面八方传播，音速实际上指的就是这种扰动由近向远的传播速度。

声音的传播速度与空气的温度有关。在海面上，空气温度为15℃时，其声音传播的速度为每秒340米，在平流层里，温度为−56.5℃时，音速为每秒296米。

飞机在空中飞行，不断地扰动四周的空气，这些扰动也就以音速传播开了。

通常人们将飞机的速度是音速的多少倍数称为马赫数，这是为了纪念一位名叫马赫的科学家而命名的。如果飞机做超音速飞行，马赫数显然就大于1了；如果做小于音速的飞行，马赫数就小于1。

飞机一接近音速飞行，会遇到许多低速时不会遇到的复杂现象，这时飞机的阻力会变得很大。为了克服这些阻力，人们将机翼做得比以前薄了许多，以减小阻力。

后来，人们发现将机翼做成向后倾斜的形状，做超音速飞行时，可以减小许多阻力，同时将机翼的前面做成尖头，而不是像低速飞行时那样，将机翼前缘做成圆头的。这样一来，飞机的阻力便会减小，速度便会加快。

今天的战斗机机翼的前面几乎都是向后倾斜的，我们叫它后掠翼飞机。当这种飞机起飞时，速度很低，这时它的机翼张开，像低速飞机一样并不后掠，当速度越来越快，并且接近音速时，它的机翼便后掠起来。速度越大，后掠便越厉害。

现代的超音速战斗机，飞行马赫数一般在 2 左右，只有很少几种马赫数超过了 3 的飞机，个别一两架试验性飞机马赫数超过了 6。宇宙飞船返回地球，洲际导弹重返大气层时，是做高超音速飞行，马赫数可以达到 10 以上。这时由于与空气剧烈地摩擦，飞行器表面的温度非常高，如果制造这些飞行器的材料

超音速飞机

不能耐高温的话，便有可能被"烧穿"。为防高温，美国的航天飞机便在四周、尤其是在头部贴上了一层用陶瓷材料做成的防热瓦，才安然无恙地返回了地球。

➡➡ 知识点

音障和音爆

音障是一种物理现象，当航空器的速度接近音速时，将会逐渐追上自己发出的声波。声波叠合累积的结果，会造成震波的产生，进而对飞行器的加速产生障碍，而这种因为音速造成提升速度的障碍称为音障。

突破音障进入超音速后，从航空器最前端起会产生一股圆锥形的音锥，在旁观者听来这股震波有如爆炸一般，故称为音爆或声爆。强烈的音爆不仅会对地面建筑物产生损害，对于飞行器本身伸出冲击面之外部分也会产生破坏。除此之外，由于在物体的速度快要接近音速时，周边的空气受到声波叠合而呈现非常高压的状态，因此一旦物体穿越音障后，周围压力将会陡降。

可以直上直下的直升机

人类很早就想造出可以直上直下的飞机。直升机，从它的名字意思理解，就是可以直上直下地飞行。我国古老的玩具竹蜻蜓，在原理上就是垂直上升的直升机。不过，人类造出的第一架直升机却比飞机要晚二三十年，原因是制造固定机翼的飞机比制造直升机简单。但是，直升直降的飞行器和能在空中慢慢地飞、甚至能悬停的飞行器相比，有很多独有的用途，特别是在军事上。直到 20 世纪 30 年代末才制造出了真正能用的直升机。

为了了解直升机，让我们先看看飞机螺旋桨是怎么拉着飞机前进的。我们知道，一个木螺钉向木头钻进，只要旋一周，它就会钻进一段距离，螺旋桨在空中旋转，简单地说也像螺钉钻木一样，螺旋桨在空气中旋转产生拉力，使飞机前进，不过空气不是固体而已。

螺旋桨

螺旋桨的叶片在旋转时就像旋转着的机翼一样，不过这时产生的力不是向上的升力，而是向前的拉力。与机翼一样，这个力也是与桨叶几乎垂直的。你不妨想想，如果这个螺旋桨装在机背上，不就又将拉力变成了使飞机向上的升力了吗？不过，普通飞机，螺旋桨的拉力是为了对付阻力的，它的拉力只等于飞机重量的十几分之一，根本不能把飞机直接拉上空中。可是，同样马力的发动机用在直升机上，却能把同样重量的直升机垂直拉到空中。这是为什么？

　　原来学问在旋翼的长度上——螺旋桨（直升机上的叫旋翼）的直径。直径越大，拉力也就越大。一旦拉力比飞机的重量还要大时，直升机就可以垂直升空了。因此，直升机的旋翼叶片要很长，才能产生较大的升力。但同时也带来了新的问题，直升机的旋翼直径很大，如果转速还那么高的话，叶尖处的速度就超过了音速，阻力就会大得受不了。因此，直升机的旋翼所用的转速特别低，每分钟只有二三百转，而一般飞机的螺旋桨每分钟 1000～2000 转。

　　为什么直升机有了主旋翼还非要做一个蜻蜓一样的尾巴，上面再装一个小尾桨，这是怎么一回事呢？这个小东西自有它的妙用，而且必不可少。

　　凡是用单个主旋翼的直升机都少不了一个尾桨。这个尾桨的位置在尾杆的后端头上，它的尺寸和普通小飞机的螺旋桨差不多（2 米左右，桨盘方向也和普通螺旋桨一样是竖的，产生的拉力是水平的，不过指向不是前进方向，而是横的）。这个尾桨是为了克服掉主旋翼给机身的扭转作用。没有它，悬在空中的机身会向主旋翼的旋转相反的方向旋转。试想，我们在房间里装上一个吊扇，如果不将它的底座固定在天花板上，只让它吊在那里，那么在吊扇开动的同时，底座也会转动。这个问题在直升机上是很严重的，因为直升机旋翼的转速特别低，旋翼特别大，因而相反的扭转作用也特别大。直升机又没有固定机翼可以对抗这个相反的扭转作用，所以要用尾桨。为了让它少消耗马力，尽量把它放得离旋翼的主轴中心远些。机尾越长，尾桨就能产生足够的扭转作用来平衡主旋翼产生的反作用。这就是为什么单旋翼的直升机都向后伸出一条长尾杆的缘故。

　　有些大的直升运输机，是前后两个大的旋翼，这时就不用装小的尾桨了。因为这时只要这两个旋翼转动的方向相反，就会将各自产生的使直升

尾　桨

机扭转的作用相互抵消掉。这好比我们拧干湿衣服，拧到一定的时候，两只手怎么拧也拧不动一样。两个旋翼调整好各自的转速，直升机就不会扭转了。不过，一定要记住：这两个旋翼的旋转方向一定要相反。

载着人类梦想飞向太空的火箭

ZAIZHE RENLEI MENGXIANG FEIXIANG TAIKONG DE HUOJIAN

在热气球、飞艇、飞机等飞行器发明之后，人类离征服太空的梦想越来越近了。但是由于热气球、飞艇和飞机等飞行器自身的限制以及地球引力的存在，人类飞行的高度受到了很大的限制。苍茫的宇宙对于人类来说仍然是一片有待探索的处女地。那么，如何克服地球引力，去征服更高、更辽阔的太空呢？

在 20 世纪之前，人们就提出了形形色色的设想，诸如宇宙梯、空间桥、通天塔等。由于生产力和科技水平的限制，这些设想相当大的部分都是只是幻想。直到齐奥尔科夫斯基第一个提出应用火箭征服太空的方案之后，人类探索更高、更辽阔的太空之设想才逐渐成为了现实。齐奥尔科夫斯基的方案提出之后，世界各国的科学家们集中力量进行了飞向太空的助推器的研究。经过半个多世纪的研究，人类借助飞向太空的助推器——火箭，将梦想变为了现实。

从古代火箭到现代火箭

飞机只能在地球表面有稠密空气的高度飞行，也就是说飞机一般只在1万多米以下的高度飞行。在地球的南极和北极上空只有七八千米以下的高度才适合于飞机飞行。再往上，空气就变得很稀薄了，飞机发动机在那样的高度寻找不到足够的空气来维护运转，发动机就无法正常地工作，即使飞机冲上了这样的高度也要往下降，不能平飞。

难道真的就没有办法飞往更高的地方吗？人类寻找到了登上九重天的"梯子"——火箭。

中国是火箭的故乡，在遥远的古代，人们就发明了火箭。在我国，把火和箭结合起来使用，是在公元240年左右的三国时代，人们将燃烧的草梗绑在箭上，用弓发射出去去烧毁敌人的兵营、粮船和仓库。但现代火箭的雏形是在火药发明以后才出现的。

古代的时候，人们在逢年过节时，常常将竹子放在火上烧烤，一

三国时期的火箭

定的时间后，竹子就发出噼噼啪啪的响声，以示庆贺。为什么竹子在燃烧时会发出响声呢？原来，竹子的竹节之间是空的，里面有空气，当整根的竹子在火上一烧，里面的空气受热后，便会迅速地增大体积，膨胀起来，竹节内的压力也就随之增大了，竹节之间的空间不会增加，因而空气也就只能冲破竹筒而发出噼啪的声响了。今天，我们过年过节时放的鞭炮，它的另一名字"爆竹"便是由此而来的。

到了隋唐的时候，隋炀帝当政的时代，人们利用爆竹的原理，用火药做成了各式各样的烟花、爆竹，供人们玩赏。

小朋友爱玩的花炮"二踢脚"，就是利用火药第一次爆炸后的反作用推力，将花炮推到高空再引爆另一部分火药的原理而制作的。

11世纪以后，带火药的火箭在军事上被越来越多地使用。北宋人抵抗西夏入侵时，一次就使用了25万支古代火箭。

我们的祖先很早就萌发了用火箭载人上天的想法。14世纪时，有位名叫万户的人，将椅子的底下绑上了47支当时最大的火箭，他两手各持一个巨大的风筝，同时点燃所有火箭，试图借助火箭的推力和风筝的升力飞上天空。虽然这样的尝试失败了，但他却作为第一个想利用火箭上天的勇敢者被人们铭记在心。

为纪念这位传奇式的人物，全世界的科学界一致同意将月球上的一个环形山，以"万户"的名字命名。

由于千百年来我国一直是封建王朝，人的聪明才智被束缚，火箭发明后，一直停留在非常原始的形式上，没有发展。而作为帝王将相的玩具——烟花却利用这一发明发扬光大，品种甚多。

"二踢脚"

现代火箭是在火药和火箭经过印度和阿拉伯世界传入欧洲以后，在西方世界迅速发展起来的。

19世纪70年代，英国人康格里夫设计并制造出了射程可达3000米远的火箭，这在当时可是一个了不起的事情，将这种火箭用于多次大的战役中，取得了非常明显的效果。

1942年，被誉为"现代火箭之父"的德国人冯·布劳恩研制成功了Ｖ–2火箭。虽然德国法西斯曾用这种武器杀害了很多无辜的平民百姓，但他们终究给人类研制出更先进的火箭，为人们进入梦寐以求的"天国"带来了黎明前的曙光。

第二次世界大战以后，苏联和美国在Ｖ–2火箭的基础上竞相发展了各自的火箭。从攻克柏林开始，苏联人和美国人的情报、谍报机关为收集德国的火箭技术情报资料和寻找以布劳恩为首的火箭专家们，展开了明争暗斗。美国人首先将布劳恩等一批科学家接到了美国，并带走了一批资料，这些人后来成为美国火箭发展的主力。苏联人也收罗了一批人马。

苏联人依靠自己的力量，日夜奋战，于1956年开始，每月发射数枚中程导弹。1957年8月又试验成功了可以飞行上万千米的洲际导弹。这些成就让美国人大为吃惊，拼命寻找对策。美国于1955年11月开始研制两种中程导弹"雷神"和"丘比特"，同时发展"宇宙神"和"大力神"两种洲际导弹，以缩小与苏联的差距，无奈他们的导弹技术总也过不了关。尽管美国从1957年初就组织了约4万人进行研制，但洲际导弹发射屡遭失败，"雷神"中程导弹也没有研制出来，眼睁睁地看着苏联人捷足先登，于1957年10月4日，利用运载火箭将第一颗人造地球卫星送入了太空。

面对苏联人的优势，美国人既羞辱，又感到愤怒。为挽回面子，在军备竞赛中争取主动，美国人一下子就增加了4倍导弹研制经费，后来又增加3倍，终于在1958年将一颗8千克多重的小卫星用运载火箭送入了太空。

作为火箭发源地的我国，在新中国成立后，迅速发展了自己的火箭导弹事业，目前已有了大小型各类导弹，也有了自己的洲际导弹。我国利用"长征"系列运载火箭，已成功地将21颗各类卫星送上了太空，让"东方红"的乐曲在无垠的太空迥响。火箭又回到了自己的故乡，在我国现代化建设中起着日益重要的作用。

知识点

热胀冷缩

空气受热的时候为什么会膨胀呢？原来，热胀冷缩是物体的一种基本性质，物体在一般状态下，受热以后会膨胀，在受冷的状态下会缩小。所有物体都具有这种性质。物体之所以会出现热胀冷缩的现象，是由于物体内的粒子（原子）运动会随温度改变，当温度上升时，粒子的振动幅度加大，令物体膨胀；但当温度下降时，粒子的振动幅度便会减少，使物体收缩。

不过，自然界中也存在一些例外，水在4℃以上会热胀冷缩，而在4℃以下会冷胀热缩。水结成冰，体积就会增大，密度比水要小，这就是装满水的瓶子常常在结冰后被涨破、冰浮在水上的原因。

现代火箭鼻祖——V-2火箭

第二次世界大战期间，世界上最主要的火箭研究中心既不是在美国，也不是在苏联，而是在德国波罗的海沿岸的佩内明德。这块不引人注目的地方，诞生了现代火箭。

当时的佩内明德集中了全德最优秀的火箭专家，代表了当时的世界水平。他们首先发展了一种V-1型火箭，严格地说它是一种带着炸弹的自杀性飞机。它有飞机一样的翅膀，能装载1874千克的炸药，甚至可以由飞行员驾驶。在它飞临目标上空时，飞行员将它对准要袭击的目标后，便跳伞离开，V-1便向目标俯冲下去加以摧毁。第二次世界大战中，德国向英国发射了1万多枚这种导弹。这种武器使用空气助燃的发动机，只能在大气层内飞行，速度也不快，因而还不能算真正的火箭。

真正具有威胁的是由冯·布劳恩设计的V-2火箭，它是现代火箭的鼻祖。首先，它在发射升空后以很快的速度穿过大气层，达到离地球表面9万多米的高度，然后在大气层外飞行一段以后，以很快的速度进入大气层，落向目标。这种长达14米的火箭，可以飞行320千米，足以飞过英吉利海峡，袭击英国首都伦敦。

V-2火箭

由于这种火箭落地时速度很快，即使是不装任何弹药，直接落地，也能将地面砸出一个13米深、36米宽的大坑，如果装上几吨炸药，这种武器的威力便可想而知了。

希特勒为挽回战场上的失败，曾对V-2火箭寄予了极大的希望。他曾经在1941年6月视察了佩内明德火箭基地，要求尽快研制出V-2火箭，准备在10月份用5000枚这种火箭袭击伦敦，将伦敦夷为平地。然而，V-2火箭的计划被英国特工人员侦察到了。为防患于未然，当时的英国首相丘吉尔下令开始实行轰炸佩内明德的"九头蛇"行动。

1943 年 8 月 17 日的夜晚，凄厉的警报声响彻柏林的上空，大批的英国蚊式轰炸机飞向柏林。德国的高炮组成了密集的火力网，不断有英国的飞机被击落。然而，德国人万万没有料到，就在英国飞机大闹柏林的同时，一大批轰炸机低空飞过北海，避开德国的海岸雷达网，飞向佩内明德，开始了旨在摧毁德国火箭基地的"九头蛇"军事行动。等到德国人发现目标飞向佩内明德时，那里已在英国人的轮番轰炸之下，成为一片火海。炸弹引爆了生产线上的火箭，生产研究设备全部被炸毁，一大批工程技术人员丧生，而布劳恩却奇迹般地活了下来。袭击伦敦的计划受到严重的挫折，希特勒暴跳如雷，仍不甘心放弃袭击伦敦的计划，下令把 V－2 火箭的生产基地转移到盟军飞机飞不到的波兰境内，继续研制这种火箭。

直到 1944 年 6 月，盟军在法国的诺曼底登陆后，德国才向英国伦敦发射了第一枚 V－2 火箭，总共才发射了 4 枚，而不是希特勒先前希望的 5000 枚。

V－2 火箭比我们现在常看到的现代火箭要落后许多，无论是射程还是命中的精确度，都远远无法跟现代火箭相比，但现代火箭的许多设计，大都是从 V－2 火箭发展而来的。

希特勒失败后，美国人捷足先登，将冯·布劳恩和其他一批杰出的科学家带到了美国，让他们继续从事火箭技术的研究。

20 世纪 50 年代，布劳恩领导一个研制小组对"丘比特"火箭进行了认真的研究，后来，美国人用"丘比特"火箭将第一颗人造卫星——"探险者 1"号送上了太空。

由于苏联发射的卫星比美国的重量大，而且早一年发射，美国人的自尊心受到了极大的打击。当时苏联部长会议主席赫鲁晓夫将美国的卫星（1.47 千克）戏称为"葡萄柚"卫星，

现代火箭之父冯·布劳恩

这极大地刺激了美国人。为赶超苏联，美国总统肯尼迪在 1961 年 5 月 25 日宣布，美国人将在 1970 年登上月球。

冯·布劳恩领导了登月火箭的研制工作。首先，研制出了"土星 lB"运

载火箭，此后，又研制出三级大推力火箭"土星5"，这枚大型火箭可以产生2930吨的推力。1969年7月20日，美国人利用"土星5"运载火箭实现了将人类送上月球的"阿波罗"登月计划。

由于冯·布劳恩对美国航天事业的巨大贡献，1970年他被任命为美国国家航空航天局的副主任。今天的航天飞机就是他在任期间努力发展起来的。他希望人类能在空间建造大型的环绕地球飞行的空间站，然而，他没有看到这一计划的实现，1977年他离开了人世。他是20世纪人类征服太空的英雄和先驱。

...➤➤知识点

蝙蝠与雷达

雷达在航运、军事、气象等领域所起的作用非常大，是现在科技成果中最成功的发明之一。谁又能想到这种高精密仪器的发明灵感竟然来自蝙蝠呢？

蝙蝠能在漆黑的夜里飞行自如。它一边飞，一边从嘴里发出一种声音。这种声音叫做超声波，人的耳朵是听不见的，蝙蝠的耳朵却能听见。超声波像波浪一样向前推进，遇到障碍物就反射回来，传到蝙蝠的耳朵里，蝙蝠立刻改变飞行的方向。

雷达就是在这个原理下发明的。雷达通过天线发出无线电波，无线电波遇到障碍物就反射回来，显示在荧光屏上。驾驶员从雷达的荧光屏上，能够看清楚前方有没有障碍物，所以飞机、大型轮船在夜里航行也十分安全。

蓬勃发展的运载火箭

运载火箭与导弹有着很大的差别。它强调的是大的推力能够把卫星、太空站等航天器送上一定的高度，让这些航天器环绕地球飞行，或者飞向其他星球进行科学探测。运载火箭就好比一部"天梯"，登上它，人类便可以自由地进入太空。至于导弹所强调的再次进入大气层，准确地命中目标等问题，运载火箭是不必考虑的。

那么，是不是运载火箭就比导弹研制起来更容易、更简单一些呢？完全不是。我们知道导弹携带的是炸药弹头，或者是核武器弹头，命中精度对它来说是十分重要的。而运载火箭向太空运送的是昂贵的卫星，有的造价达到十几亿美元，还有宇航员，因而，运载火箭特别强调发射的安全和可靠。所以在研制运载火箭时，特别强调不能有冒险的心理，尽可能采用有把握的技术。正因为如此，运载火箭一般都是由洲际导弹改进而成的，只有少量的运载火箭专门研制。

美国和苏联的运载火箭大多由洲际导弹通过增加级数，比如，由二级改装成三级，或者横向捆绑固体助推器等办法来加大推力，提高运载能力。

目前美国人的运载火箭有好几种，并形成了 3 个运载火箭族。它们是"侦察兵"、"宇宙神"族、"大力神"族和"土星"族运载火箭。

苏联人则以系列来分，共有以下 6 个系列：

标准运载火箭系列，用来发射卫星、飞船和星际探测器；

小型卫星运载火箭，用来发射较轻重量的卫星；

中型卫星运载火箭，用来发射中等重量的卫星；

大型运载火箭，用来发射大型卫星、空间轨道站；

航天兵器运载火箭，用来发射太空武器系统、海洋监视卫星和拦截卫星；

重型运载火箭，用来发射环绕地球飞行的空间站和载人绕月飞行器。

1990 年，苏联还推出了世界上推力最大的运载火箭"能源"号，将航天飞机送上太空。

我国依靠自己的力量，大力发展航天事业，形成了我国自己的"长征"系列火箭，成功地将 21 颗卫星送入了太空。

可达到宇宙速度的多级火箭

运载火箭一般是要将卫星或者飞船等飞行器送上环绕地球飞行的轨道。而洲际导弹要飞行半个地球的距离，因而一般来说必须具有很高的速度。如果将卫星送入环绕地球的轨道飞行，就必须加速到每秒 7.9 千米以上的速度，而将飞船送上月球的速度要求就更大了。

人类在 1969 年所乘坐的"阿波罗 11"号登月飞船的速度就达到每秒钟 10.8 千米，即使是这样快的飞行速度，也飞行了 99 个小时才到达月球。

因此，运载火箭和洲际导弹很强调它们最终能达到的速度。人们最早曾想用速度非常快的大炮，但无论如何努力，最大、最好的大炮也只能打出每秒飞行 2 千米的炮弹。如果用一级火箭，利用目前世界上最好的燃料、最好的火箭发动机、最好的火箭材料也无法达到每秒 7.9 千米的环绕地球速度，最多不过 4～5 千米/秒。

1929 年齐奥尔科夫斯基提出多级火箭理论

于是，人们聪明地想到了设计多级火箭，达到第一宇宙速度对它来说是轻而易举的事情。多级火箭无需像单级火箭那样，把整个火箭的壳体也加速到很大的速度而额外地消耗大量的能量，它只是将重量很轻的最末一级火箭加速到很高的速度，而占绝大部分火箭重量的一二级壳体则在飞行途中被抛弃掉。多级火箭的道理就像负重爬山一样。当一个人的体力无法一次背着一个重量很大的背包从山脚一直爬到山顶时，可以这样来完成：第一个人从山脚爬一段后，由第二个人接过背包继续爬到山腰，再由第三个人爬到山顶，这样每个人都能很胜任地完成每段爬山任务。因而一般的运载火箭和洲际导弹都采用多级结构。

举一个例子很容易说明问题：两枚火箭，一枚是单级型的，一枚是二级型的，用同样的推进剂。单级火箭只能达到每秒 4600 米的速度，射程也不过 4000 千米，只能达到第一宇宙速度的 58%。对于二级火箭，它的速度可以达到每秒 8000 米，足以用来发射卫星。

一般火箭在低空出现很高的速度，耗费的燃料特别多，因为此时火箭受到空气阻力特别大。因此聪明的火箭设计师总是在设计飞行程序时让运载火箭慢慢地爬升，以较低的速度穿越稠密大气层的下层，以较快的速度飞出大气的上层，让火箭在大气层外的高空加速。一般多级火箭的第一级都在 60 千米以上的高空关闭发动机，此时大气密度已降低为千分之一，第二级在稀薄的大气层飞行，真正到第三级火箭点火时，火箭已在真空中工作，没有任何的空气阻力，仅仅需要克服重力而已。

有一种类型的多级火箭不是一级一级接上去的，而是将助推火箭与中心的主火箭捆绑在一起。这种火箭一般在四周捆绑上 2 枚、4 枚或更多的助推火箭，能够产生很大的推力。我国的"长征 2E"火箭就是这种捆绑型的火箭。

多级火箭在飞行中，当一级的燃料耗尽时应及时地抛掉，这种两级火箭之间的分离技术对火箭的飞行成功是很重要的。

多级火箭之间用一种很特殊的螺栓连接，当要分离时，装在这种特殊螺栓中的炸药点火引爆，同时将连接物炸断，达到分离的目的。

一旦级间的螺栓被炸开，上面一级发动机就开始点火工作，将下一级火箭推开、抛掉。

另一种先进的分离方式是上面一级的火箭的发动机并不马上点火，而是利用它的加力火箭和下面一级火箭的反推火箭（向下推）使两级之间分开一定距离后再点燃上面一级火箭的发动机。

级间分离是多级火箭一级工作结束，另一级工作开始的重要过渡阶段，稍有差错就会导致飞行失败，因而火箭的级间分离技术特别重要。

目前世界上的多级火箭主要分布在苏联、美国和中国，欧洲也联合发展了一些大型的火箭。它的研制是一个国家国力大小的标志。

知识点

洲际导弹

洲际导弹是一种装有核弹头的火箭。一般来说，洲际弹道导弹的射程至少应达到 5500～8000 千米。洲际弹道导弹一般（但并非一定）装备 1 枚核或热核弹头，其典型构成为：液体或固体推进装置，二级或多级助推火箭，惯性制导系统（并可加装星座导航、卫星导航或末端制导系统），一个或多个再入飞行器，每个再入飞行器各含有一枚弹头。

洲际弹道导弹是一个国家战略核力量的重要组成部分，主要用于攻击敌国领土上的重要军事、政治和经济目标。洲际弹道导弹具有比中程弹道导弹、短程弹道导弹和新命名的战区弹道导弹更长的射程和更快的速度。目前主要拥有国为：美国、俄罗斯、中国、英国、法国和印度等国家。

登月天梯——"土星5"火箭

1969年7月20日，对人类来说是一个值得记忆的日子，两名美国宇航员尼尔·阿姆斯特朗和埃德温·阿尔德林驾驶着"阿波罗11"号飞船登上了月球，实现了人类梦寐以求的理想。被诗人们称作"广寒宫"的月球，不再是神秘而不可知的了。美国人在"登月赛跑"中超过苏联人，拔得头筹。

人类登上月球

将"阿波罗11"号飞船送上月球的"天梯"是为"阿波罗"登月计划专门研制的"土星5"号运载火箭。为研制这种火箭，美国人共花去60亿4600万美元，仅一枚"土星5"火箭就要花费1亿8千万美元，真是昂贵得惊人。

这种运载火箭是一个庞然大物。它由三级组成，有110.6米高，相当于50层的摩天大楼高度。最底下的第一级火箭的直径有10米，就像一个巨大的烟囱，能并排装下四五辆公共汽车，它装有5台液体火箭发动机，由煤油和液氧作燃料。当它第一级点火时可以产生约3400吨的推力。由于它本身的重量只有2857吨，因而足以让它飞快地加速，直冲云霄。

为什么要将火箭做成三级呢？因为在目前的技术条件下，最好的单级火箭的最大速度只有4.5千米/秒，要想绕地球飞行，必须使物体达到每秒7.9千米的第一宇宙速度，因此单级火箭在目前的条件下是无法做到的，只有将运载火箭做成二、三级火箭，才能将物体加速到每秒7.9千米的速度。它在航行的过程中可以把燃料耗尽后的火箭壳体和发动机抛掉，点燃另一火箭的发动机继续加速物体。

"土星5"的另外两级火箭都是液氧和液氢作燃料的液体火箭，分别装有

5 台发动机。

在火箭的最顶端是"阿波罗"飞船和登月舱。利用"土星5"能将1209吨的物体送到离地球表面185千米的高度。

在进行载人登月之前，美国人先用这种火箭将载人的"阿波罗8"号飞船送到了环绕月球的运行轨道，在确信"土星5"号的运载能力以后，才在1969年7月16日发射至月球环绕轨道，20日首次登上月球。

美国此后在7次登月飞行中获得6次成功，先后将12名宇航员送上月球，采回了月球的岩石标本。

1970年4月11日的第三次载人登月飞行，在准备登月时，飞船出现故障，只好紧急返回地球。

1973年5月14日，"土星5"号运载火箭将美国第一个试验性的空间站"天空实验室"送入离地面435千米的环绕地球轨道。在发射升空的过程中，高速气流冲掉了"天空实验室"轨道舱的一个防护罩和太阳能电池翼，以致"天空实验室"在环绕地球时严重缺电，舱内温度上升到50摄氏度左右。

1973年5月25日，3名宇航员乘"阿波罗"号飞船与"天空实验室"对接，宇航员用一顶遮阳伞伸出舱外，挡住阳光，才使工作舱内温度下降，修复另一个太阳能电池翼，展开发电，终于使"天空实验室"开始正常工作。

目前，"土星5"仍然是美国主要的运载火箭。由于它安全可靠，为美国的航天事业作出了很大的贡献，它一直是美国人引以为荣的运载火箭。

"能源"号运载火箭

1990年5月15日，苏联发射了一枚世界上推力最大的运载火箭"能源"号。它不仅把9倍于美国航天飞机重量的物体送入轨道，而且把发射成本减少90%。

"能源"号火箭有一个中央火箭，四周可以捆绑上4～8枚火箭助推器，每枚助推器内装有一台燃烧煤油和液态氧的巨型火箭发动机，中央火箭分别有4台推力强大的液氢和液氧发动机。到目前为止，它是人类所造出的威力最大的液体燃料火箭发动机。它可以将270吨的物体送上太空。

"能源"号发射后，当到达 60 多千米的高度时，火箭助推器开始分离，中央火箭继续向上爬升，到达 179 千米的高空后，中央火箭便与需要发射升空的物体开始分离。此时，中央火箭的液体燃料已全部用完，就像一个软软的塑料瓶子，慢慢地由地面遥控着穿过大气层着陆。而助推火箭在降落时，自动地张开回收用的降落伞，使它的下降速度逐渐减慢下来，以便使充气翼顺利地展开，然后在自动驾驶仪的控制下滑翔着陆。据说，这种火箭助推器大得可以容纳下一辆大公共汽车。

"能源"号就是靠回收中央火箭、助推火箭来达到降低发射成本和费用的目的。美国的航天飞机曾被当做可重复使用的飞行器而受到赞扬。实际上，不过是一部分反复使用而已，每一次发射都要报废价值数百万美元的零件。

利用"能源"号火箭，可以把苏联的"和平"号空间站发射到 36000 千米的高空，在这样的高度，就以地球自转速度绕地球飞行了。也就是说，"和平"号总是在地球的某一点的上空，成为这一点附近地区的监视者。

还可以利用它实现登月旅行，将"和平"号空间站送到环绕月球的轨道上。

苏联人在液体燃料火箭发动机方面具有领先的技术水平，"能源"号的设计成功就充分地说明了这一点。

中国"长征"系列运载火箭

中国是火箭和火药的故乡，这是千百年来我国人民的骄傲。然而，长期以来扼杀中国人聪明才智和理想的封建专制制度以及外国列强的掠夺和欺压，使我们的火箭技术一直停留在原始的阶段，现代火箭与我国无缘，而在异国他乡迅速地发展。

苏联人最早将第一颗人造地球卫星送上了太空，之后又利用运载火箭发射了载人的宇宙飞船。不甘示弱的美国人雄心更大，利用"土星 5"火箭，将人类送上月球，在月球上印上了人类的第一个脚印。迄今为止，人类利用运载火箭向太空发射了 3000 多个航天飞行器，它们在通信、气象预报、导航和军事应用等方面发挥着日益重要的作用，因而运载火箭技术的开发和利用，越来越受到世界各国的重视。

　　新中国成立后，我国政府在研制中、远程导弹的基础上，开始研究运载火箭技术，依靠我国人民的聪明才智和独立自主、自力更生的精神，发展了我国的运载火箭，并给发展起来的系列火箭取了一个意味深长的名字——"长征"。如今，"长征"运载火箭的家族不断发展、壮大，产生了由"长征1"号到"长征4"号以及以此为基础发展改进的不同型号的运载火箭。利用这些火箭，我们已把各式各样的卫星送入了不同的卫星轨道。

　　1975年，我国发射了第一颗人造地球卫星"东方红1"号，将这颗卫星送上太空的运载火箭是"长征"家族的长子"长征1"号运载火箭。这枚三级火箭全长近30米，最粗的地方直径有2米多，全部重量81.5吨，发动机点火时，产生的推力为104吨，能够将

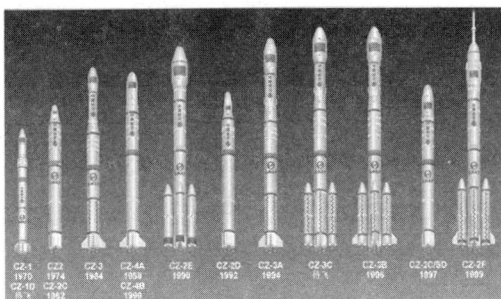

"长征"系列火箭类型

300多千克重的卫星送上离地面440千米高的轨道，环绕地球飞行。

　　"长征2"号是20世纪70年代由我国的远程战略导弹改装而成的。它只有二级，但却有32米长，最大的直径达到3.35米，能够产生280吨的推力。它的改进型更是出色。利用"长征2"号的改进型发射的9颗返回式卫星都十分成功，它百分之百的成功率赢得了全世界的普遍赞誉。1987年和1988年，"长征2"号还为外国公司的卫星进行了搭载服务，成为最先涉足国际市场的"长征"运载火箭。

　　"长征"火箭家庭中，个头最大的要数"长征3"号。它有44米长，是一枚三级火箭，起飞时的推力为284吨，能够将1.4吨的物体送入距地球36000千米的轨道，可以用来发射地球同步卫星。"长征3"号利用液氢、液氧作为推进燃料，具有其他燃料无法取代的优越性。目前只有少数几个国家掌握这一复杂的技术，我国是继美国、法国之后，世界上第3个掌握这种关键技术的国家。

　　将"长征2"号再加上第三级，那便是"长征4"号了，用它可以将1.5

吨重的东西送上 900 千米高的轨道。它曾将我国的第一颗和第二颗气象卫星送上太空。

特别值得一提的是"长征 2"号火箭的改进型"长征"2 号 E 型。它由 4 个助推火箭围绕"长征"2 号捆绑而成，是长征火箭系列中力气最大的运载火箭。它是由我国的科技人员在短短的 18 个月时间内研制出来的。它可以不费劲地将 8.8 吨的航天器送上环绕地球的低轨道，是一枚大有用武之地的运载火箭。

知识点

地球同步卫星

地球同步卫星，又称地球同步轨道卫星，是运行在地球同步轨道上的人造卫星。静止轨道卫星距离地球的高度约为 36000 千米，运行方向与地球自转方向相同，运行轨道为位于地球赤道平面上圆形轨道，运行周期与地球自转一周的时间相等，即 23 时 56 分 4 秒。因此，人们从地球上仰望，它仿佛悬挂在太空静止不动。

倾斜轨道和极地轨道同步卫星从地球上看是移动的，但却每天可以经过特定的地区，因此，通常用于科研、气象或军事情报的搜集以及两极地区和高纬度地区的通信。

地球同步卫星一般用于通讯、气象、广播电视、导弹预警、数据中继等方面，以实现对同一地区的连续工作。

火箭升空的动力之源

火箭为何能够升空？那几十层楼高的庞然大物顷刻间就升上了天空，这是何等的奇妙。

其实，火箭的原理很简单，它是利用反作用的原理制成的。让我们举个例子来说明：当你把一只充满气的气球突然松开气嘴时，你会发现它嘶嘶地向外冒着气，并同时直往前冲，气球越大，它向前冲的距离也就越远。当气球内的气体从气嘴向外喷出的时候，这些喷出的气体给气球以相反的作用，就好像你用手捏成拳头击墙，也许你能把墙碰一个小坑，但同时你的手也感到很疼。为什么呢？当你给墙一个打击的时候，墙也给你一个相反的作用，大小是一样的。你碰墙用的力气越大，墙回敬给你的反作用也就越大，你的手也会越疼。

有一种叫"冲天炮"的烟花（也叫"钻天猴"），仔细瞧就是一支微型小火箭。当它被点燃时，它的火药燃烧，向后喷出一股热气，将它送到空中，这正是应用了反作用的原理。

火箭只不过是在尾部装上了发动机，它以非常高的速度向后排出燃烧后产生的物质（一般是气体，也可能是其他的物质），推动火箭升空。这种向上的推力必须大于整个火箭的重量。一般来说，推动几百吨的火箭升空，必须产生上千吨的推力。

那么，火箭是燃烧什么物质而产生这么大的推力呢？一般的大型火箭是用汽油、煤油或者液态的可燃气体，也有的用固体状态的燃料。只有很小型的火箭，如火箭弹等才用火药发射。

我们知道，大自然中的木头、枯草以及汽油等很多东西，在燃烧时都需要空气中的氧气。因为氧可以帮助物质燃烧，没有氧，这些东西就不会燃烧，即使是燃烧起来了，没有了氧气，也会自动熄灭。如果将一个大玻璃罩罩在一支正在燃烧着的蜡烛上，不一会儿，你就会看到火焰慢慢地熄灭了。原因是玻璃罩内的氧气已被燃烧掉了，又没法补充进新的氧气，所以蜡烛就自动地熄灭了。很多灭火器就是利用这个原理来设计的，它们总是想方设法使燃烧着的东西与周围的空气隔绝开来，以达到灭火的目的。

火箭升空

火箭发动机点火启动也与燃烧一样，需要氧来帮助燃料的燃烧。它主要有两种类型：一类是携带可以燃烧的物质（比如汽油、煤油等），利用空气中的氧进行燃烧的发动机。它将汽油等化成雾状，喷向发动机的燃烧室，使之与空气中的氧充分燃烧，不断地产生高温气体向后喷去，推动火箭向前飞行。由于这种发动机需要空气，因而只能装在在大气层中飞行的火箭上，无法在没有空气的大气层外产生燃烧。另一类是利用火箭自身携带的两种物质进行燃烧的发动机。这两种物质中有一种是燃料，如汽油、煤油或者液态氧气，另一种是含有氧的物质，用来帮助燃料的燃烧，人们常称它们为氧化剂，如液态的氧气或其他物质。这两种物质一混合就能很充分地燃烧起来，比如液氢和液氧一相遇就会很好地燃烧，并产生水蒸气向火箭外喷出，以推动火箭。这种发动机常用于飞出大气层的火箭。

从燃料是液体的还是固态的情况来分，又可以将火箭分为液体火箭和固体火箭。一般大型的火箭比较多使用液体燃料，因为这种燃料产生的推力要比固体燃料大得多。它适合用于发射卫星、宇宙飞船，空间站和航天飞机等重量很大的航天器。多级火箭的最下面一级，往往是液体火箭。如果你看到过火箭发射的实况就会知道，在火箭发射之前，先要将火箭加满燃料，这个过程叫"加注燃料"。由于有的液体燃料和氧化剂有剧毒，工作人员必须全身穿带保护服和防毒面具，才能加注燃料，而且出不得一点纰漏，一丁点的火花就可能酿成大爆炸。

为了装上更多的燃料，人们将氢气和氧气冷冻到零下几百摄氏度，这时它们的形态就变得跟水一样，成为可以流动的液体；再冻下去，液态的氢甚至可以变成冰块一样，成为固态的氢。这样一来，同样重量的气体，所占的体积就大大地缩小了，这就是人们要用液态燃料的原因。为防止燃料渗漏，一定要将贮存它们的箱子做成一个密封性能很好的保温瓶，保持住低温，以免在常温下变成气体。美国的航天飞机发射时，就随身携带了一个巨大的液体燃料贮箱，供应3台液体火箭主发动机液氢和液氧。

固体火箭的燃料一般是固态的，它的推力相对液体火箭而言较小，更多的是用于较小的火箭和导弹，如反坦克导弹，地对地近、中程导弹和空对空导弹；也有的大型火箭是固体火箭。美国人的固体燃料技术较先进，生产了一些固体燃料的大型火箭，如发射航天飞机用的固体燃料助推火箭。

固体火箭有一个不好的方面，它不能像液体火箭一样可以随时关闭发动机，一旦点火，就不能熄灭，直到所有的固体燃料全部烧光。这一点在发射台上出现故障时，尤其不好处理，要么让它在发射台上将燃料烧光，要么让它升空，在空中人为地引爆。正是由于这种原因，美国人在发射航天飞机时，先点燃的是液体火箭发动机，待发现它工作正常以后，才让两个固体助推火箭点火工作。

火箭和导弹的安全自毁

无论是飞行试验还是真正的实弹射击，运载火箭和导弹的自毁系统是必须具有的，这种装置常被称为安全自毁装置。

在火箭的发射过程中，由于一些故障，有时会使火箭大大偏离预定的飞行轨道，这时，如果不能纠正偏差，就可能使火箭落在不该落的地方。试想，如果这枚出了差错的导弹落在人口上百万的城市里，造成的后果将不堪设想。因此，为了不危及地上居民的生命安全，就要启动安全自毁装置，使火箭在空中自我爆炸。

1980年5月23日，欧洲空间局进行了一次"阿里安"火箭试验。在地面上一切测试正常，指挥人员开始倒计数计时"10，9，……3，2，1"，火箭呼啸着腾空而起，按预定轨道上升。飞行了108秒钟以后，火箭出现异常的滚动，偏离了航线，迫于无奈，指挥人员只好发出了自毁的指令，使火箭在空中爆炸，碎片散落在离发射场30多千米的大西洋中，试验没有成功。类似这样的情况，美国、苏联和日本也发生过多次。美国的"宇宙神"火箭87次发射中，就有10次失败，"大力神"火箭61次发射中，失败了13次，占试验总次数的20%左右，这是一个不小的数字。由此可见，火箭发射失败是在所难免的事情，因而安全自毁装置就变得十分重要，它关系到人的安危。

一般自毁装置是在火箭的一些部位安装上起爆装置，当自毁指令发出以后，这些装置就被起爆，将火箭炸成许许多多的碎片。也许你会问，万一这套自毁装置出了故障，不接受指令，火箭不爆炸那该多可怕，如落在地上引起爆炸后果将十分严重。设计师早就想到了这一点，专门准备了另一套安全自毁设备，以防万一。

由于洲际导弹和运载火箭的危险性，因而人们在选择试验航向的时候格外小心慎重，根据火箭飞行允许偏离的偏差确定了一条安全边界，尽量使飞行航线上的城市和重要设施在安全边界以外。通常，这条火箭飞行的安全边界沿着航线呈带条状，只要火箭实际的飞行航线不超出这条安全边界，就可以不干预火箭，让它继续飞行；如果一旦发现火箭偏离了预定轨道，并超出了安全边界，指挥人员就要下达"自毁"的命令，强迫火箭在空中爆炸。

一般自毁都在空中，即使火箭偏离轨道后落到海洋的可能性很大，也让偏离轨道的火箭在空中自毁。这主要是火箭在空中爆炸可以使火箭燃料所蕴藏的巨大能量在空中四面八方自由释放，不致引起严重的环境污染和破坏，同时当火箭自毁爆炸成许多大大小小的碎片以后，在返回稠密大气层时会自己烧蚀掉，使碎片对地面的破坏大大降低。

安全自毁系统是在任何大、中型火箭和导弹中都必须装备的设备。

知识点

欧洲空间局

欧洲空间局是一个欧洲数国政府间的空间探测和开发组织，总部设在法国首都巴黎，其前身是欧洲航天研究组织。1962 年 6 月 14 日，欧洲几个国家签署了一项协议，于 1964 年 3 月 20 日建立了欧洲航天研究组织。

1975 年，欧洲空间局正式成立，航天研究组织作为其一个下属机构仍存在。空间局的目标是专门为和平目的提供和促进欧洲各国在空间研究、空间技术和应用方面的合作。欧洲空间局现有 19 个成员国，欧洲主要国家都参加了。另外，加拿大和匈牙利等国也参与了该机构的一些合作项目。

欧洲空间局的发射中心是位于法属圭亚那的圭亚那发射中心。因为那里相对于赤道较近，使卫星发射至地球同步轨道较为经济。控制中心位于德国的达姆施塔特。

环绕地球运行的人造卫星

HUANRAO DIQIU YUNXING DE RENZAOWEIXING

人造卫星是一种无人航天器，它环绕着地球，在空间轨道上默默地运行，默默地为人类提供宇宙中的环境参数。世界上第一颗人造地球卫星是苏联于 1957 年 10 月 4 日在拜科努尔发射场发射的。从此，人类就进入了利用航天器探索外层空间的新时代。

人造卫星的优点非常突出，它能同时处理大量的资料，并可及时将其传送到世界任何角落，使用三颗卫星即能涵盖全球各地。人造卫星的用途非常广泛，如今，不管是科学、通信和气象领域，还是军事和资源探测等领域，都需要卫星的辅助才能完成。

目前，人造卫星已经成为发射数量最多、用途最广的航天器，其发射数量约占航天器发射总数的 90% 以上。这些在太空中运行的人造卫星就像是人类在太空中的眼睛和耳朵。它们不但引领人类进入了太空新时代，还为人类亲自进入太空提供了必要的环境参数。

环绕地球运行的人造卫星

人类希望揭开天空的奥秘，拜访当空的明月，探索闪闪烁烁的星斗。古往今来，这种想法绵延不断。我国民间传说的嫦娥奔月和七仙女下凡，正是古代人渴望往来天地间而编织成的美丽故事。但是，直至现代科学的建立，特别是天体力学、数学和计算技术的发展，人类飞向太空的愿望才有了现实的可能。

发射人造地球卫星是星际旅行的第一步。那么怎样才能使一种物体像月亮一样成为地球的卫星呢？现代科学证明，这里必须满足两个条件：一是该物体应具有一定的速度；二是要有一个向心力。对于环绕地球运行的卫星来说，向心力就是时刻都存在的卫星重量，即地球对它的引力。靠这种向心力的作用，地球力图将卫星吸回地面。关键是卫星必须获得一定大小的速度，这个速度称作第一宇宙速度。其含义是这样的：在不考虑空气阻力的情况下，在地面将物体以每秒 7.9 千米的速度沿水平方向抛出去，它就会沿着以地心为圆心的圆形轨道运转起来。

卫星在地球引力作用下环绕地球运行的规律，符合行星在太阳引力作用下绕太阳公转的开普勒三定律和牛顿的万有引力定律。归纳起来有三点。

第一，当卫星速度大于环绕速度时，其运行轨道是一个椭圆，地球位于椭圆的一个焦点上，卫星速度越大，椭圆轨道也就拉得越长、越扁；当卫星速度恰好等于环绕速度时，其运行轨道才是一个圆，地球位于这个圆的圆心；当卫星速度小于第一宇宙速度时，卫星在地球引力作用下将坠落地面。

第二，卫星在椭圆轨道上运行的速度是变化的，在离地球最远的一点即远地点时速度最小；反之，在离地球最近的一点即近地点时速度达到最大。这就是说，地球对卫星的引力，随卫星的高度增加而减小，环绕速度也相应变小。例如，离地 36000 千米高度处的环绕速度，不再是每秒 7.9 千米，而只有每秒 3 千米。卫星离地越高，环绕速度越小，可是发射卫星所需能量并不减少，反而增加。

第三，卫星绕椭圆轨道一周的时间与短轴无关而与半长轴的 3/2 次方成正比。因为人造地球卫星的质量远远小于地球质量，这个数学关系是严格成立的。但是，椭圆轨道的半长轴应是卫星离地的最远距离再加上地球的平均半径即 6371 千米。

如果人造地球卫星的速度不断加大，会出现什么情况？这时的椭圆轨道也就越来越长、越扁，当速度增大到某一个限度时，卫星终于摆脱地球的引力飞离地球而去，像地球一样绕太阳运行，成了人造行星。这个使卫星脱离地球而去的速度，称作第二宇宙速度，其大小是每秒 11.2 千米。如果卫星要离开太阳系，就必须克服太阳的引力。太阳的质量远比地球大，需要的脱离速度就更大。为此，除了借助地球绕太阳约每秒 30 千米的速度外，还要再加一个约每秒 16.7 千米的速度。这个速度叫做第三宇宙速度。

发射人造地球卫星，除了上面所介绍的理论外，还要考虑其他因素。地球被一层厚厚的空气包围着，其厚度大约有 1000 千米；不过离地越远，空气越稀薄，真正浓密的大气层只有几十千米。大家知道，空气会对运动物体产生阻力，物体运动速度越大，阻力也越大。人造卫星脱离火箭以后，在地球的引力场内做椭圆绕地运动，由于大气阻力，它的速度会变小，其结果是飞行高度逐渐下降；如果高度降低到进入了地球浓密大气层，和空气产生的摩擦非常剧烈，会产生几千摄氏度高温将卫星烧毁。为避免卫星过早烧毁并使它能在空间长时间运行，就必须把卫星送到离地一定的高度。人造卫星的轨道高度，根据工作需要通常在数百千米到数万千米之间。

要把人造卫星送上那么高的高度并达到环绕速度，不是一件易事。运载卫星的火箭速度是最关键的问题。所以发展威力强大的多级运载火箭，是发射人造地球卫星和其他人造天体的首要条件。

知识点

开普勒三定律

开普勒三定律，又称行星运动定律，是指行星在宇宙空间绕太阳公转所遵循的基本定律。由于是德国天文学家开普勒根据丹麦天文学家第谷·布拉赫等人的观测资料和星表，通过他本人的观测和分析后，于 1609～1619 年先后归纳提出的，故称开普勒三定律。

开普勒三定律给予亚里士多德派与托勒密派在天文学与物理学上极大的挑战。他主张地球是不断地移动的；行星轨道不是圆形的，而是椭圆形的；行星公转的速度不等恒。这些论点，大大地动摇了当时的天文学与物理学。经过了几乎一世纪的研究，物理学家终于能够用物理理论解释其中的道理。牛顿利用他的第二定律和万有引力定律，在数学上严格地证明开普勒三定律，也让人们了解其中的物理意义。

世界上第一颗人造卫星

第二次世界大战结束后不久，满目战争疮痍的苏联就着手研制洲际弹道导弹和运载火箭。也许是由于战后美、苏对峙、冷战浓云密布的原因，当时的苏联政府对此十分重视。然而要搞导弹和火箭，需要有资金、技术和人才。最困难的是资金。

由于苏联是第二次世界大战中遭受战争破坏最严重的国家，损失了几乎三分之一的国民财富；有 1700 个城镇和数万个乡村要重建；而且还有数百万人住在战时防空洞内，生活困苦，需要安置。因此，资金奇缺。尽管如此，当局还是拨出巨款，一定要搞导弹和火箭。

他们采取的第二个有效措施，就是调集全国的资源和技术力量，保证导弹与火箭研制工作的进行，特别是集中一些权威性的专家，进行研制大威力火箭的攻关。由于俄罗斯是齐奥尔科夫斯基的故乡，不乏优秀的火箭人才，研制工作在对外绝对保密的情况下，不断取得重大进展。在各项工作取得进展的同时，加强了组织协调、技术协调的工作。当时苏联曾正式宣布，在科学院天文委员会的范畴之内成立一个跨部门的星际通信协调委员会，以实现对研究工作的协调和监督。这一点是十分重要的，因为搞导弹、火箭并发射卫星，是一项极复杂的系统工程，全局的技术协调往往比研制工作更难、更费时。

运载火箭的研制成功，不仅使苏联能够成功发射洲际导弹，而且使卫星上天成为可能。1953 年 11 月，苏联人在日内瓦世界和平大会上宣布："制造人造地球卫星是完全可能的。"这就预示苏联要研制人造地球卫星以及它的运载工具。但是并未引起人们多大注意。1955 年，美国宣布要在1957～1958年期间发射"尖兵"号地球人造卫星，当时没有人怀疑美国的能力和信心。但是，1956 年，苏联的代表在一次国际会议上又提出在国际地球物理年期间，将把一颗人造地球卫星送入轨道。当时没人注意这事。一些西方记者认为，这可能是一种心理宣传而已。实际上，苏联的人造地球卫星研制工作已接近尾声，正准备把洲际导弹改装成运载工具，供发射卫星用。

1957年10月4日，苏联人在拜科努尔发射场用 P－7 洲际导弹改装的"卫星"号运载火箭把世界上第一颗人造地球卫星"斯普特尼克1"号送入轨道，开创了人类航天新纪元。

"斯普特尼克1"号是个铝制球体，直径58厘米，重83.6千克，有4根鞭状天线，内装有科学仪器，用以测量227～941千米轨道之间的大气密度、温度和电离层的电子浓度。卫星在轨道上共运行92天，绕地球约1400圈，并在1958年1月4日坠入大气层烧毁。

苏联紧紧抓住发展大威力火箭

现代人造卫星

这一关键，又向着把人送上太空的目标努力。把载人宇宙飞船送入空间，要求运载火箭有把数吨重的有效载荷送入地球轨道的能力，这又是一次飞跃。

苏联人不断增大运载火箭的推力，在发射了重83.6千克的第一颗人造卫星之后，短期内将发射的"斯普特尼克2"号卫星重量大幅度增至508.3千克，"斯普特尼克3"号则重达1327千克。大威力运载火箭如此快速的发展过程中获得的技术窍门帮助并显著加速了载人航天飞船的准备工作。因此，苏联在第一颗人造地球卫星发射后不到4年时间，在1961年4月12日就成功地将4.73吨重的"东方"号载人航天飞船送入地球轨道，尤里·加加林成为第一个太空人。这时，世界又一次受到震动。从此开始了人类在太空的活动。纵观苏联的初期航天活动，给人一种比较顺利的印象。

➤➤➤ 知识点

国际地球物理年

国际地球物理年起源于国际极年，即每隔50年对地球的两极进行联合科考。1950年6月国际无线电科学联盟在布鲁塞尔举行会议时，有些地球物理学者提议，将国际极年改为 25 年举行一次。国际科学联合会理事会支持了该提议，规定从 1957 年 7 月 1 日到 1958 年 12 月 31 日世界各国共同对南北两极、高纬度地区、赤道地带和中纬度地区，进行一次全球性的联合观测，并将第三届国际极年改名为国际地球物理年。

有 67 个国家、1000 多名科学家正式参加国际地球物理年的观测活动。科学研究内容十分广泛，共有 13 个项目，包括气象学、地磁和地电、电离层、太阳活动、火箭与人造卫星探测等。国际地球物理年的活动取得了丰硕的成果，大大促进了各门学科的发展。

中国发射第一颗人造卫星

中国是古代火箭的故乡。现代火箭渊源于古代火箭。宋代，我国就制成了用火药推进的世界上最早的火箭。古代火箭推进系统是在竹筒或纸筒中装满火药，筒上端封闭，下端开口，筒侧小孔引出药线。点火后，火药在筒中燃烧，产生大量气体，高速向后喷射，产生向前推力，这就是现代火箭发动机的雏形。作为武器用的古代火箭，箭的顶端装有箭头，起杀伤作用，相当于现代导弹武器的弹头。箭的尾端装有箭羽，起稳定飞行的作用。

我国明代发明了一种"一窝蜂"火箭，一次能发射 32 支火箭，杀伤力较大，曾在战争中使用。另一种用于水战的武器"火龙出水"火箭，达到了更高的技术水平。火龙有龙头、龙身和龙尾，龙体内装有神机火箭数枚，龙体外周装有 4 个火药筒。发射时，先点燃龙体外的 4 个火药筒，推进火龙飞行，继而点燃龙体内的数枚火箭，再度加速。通过多枚火箭联用和两级火箭接力，火箭可以在水面上飞行数里之遥。我国古代这种多级火箭设计思想是极有创见的。

中华民族虽然有着高度的古代文明，但在尖端技术方面，旧中国留给我们的却是一片空白。我国是古代火箭的发源地，我们应该研究现代火箭技术。1956 年 10 月 18 日，我国第一个导弹研究机构，即国防部第五研究院正式成立，由刚从美国回来不久的著名火箭专家钱学森任院长，把研制导弹和火箭技术作为我国高科技的一个主攻方向。1958 年，在苏联专家帮助下，我国一方面开始进行导弹研制基地和发射场的建设；一方面开始仿制苏联P－2近程地地导弹。仿制工作的开展，加速了我国掌握导弹、火箭技术的步伐。

1960年前后，我国又从全国各学校挑选了几千名大中专毕业生充实国防部第五研究院。他们满怀献身祖国尖端事业的豪情，投身到火箭技术队伍的行列中，技术队伍得到迅速扩大。但是，当我国仿制P－2导弹工作进入最后阶段时，苏联撤走全部专家。由于这一突然行动，给我国导弹仿制工作造成了相当大的困难，但也从反面激发了我国导弹研制人员自力更生、发愤图强的精神。他们刻苦学习，边学边干，克服工艺技术、器材设备以及火箭燃料等方面的困难，把仿制工作继续推向前进。1960年11月5日，用国产燃料成功发射了第一枚仿制的导弹，于是中国有了自己的近程导弹。1964年6月29日，我国第一个自行设计的中近程火箭发射获得成功，揭开了我国导弹、火箭发展历史上新的一页。通过中近程火箭的研制，我国年青的火箭队伍得到了很大的锻炼。

1958年5月17日，毛泽东在党的八大二次会议上，发出了"我们也要搞人造卫星"的号召，表达了我国人民发展航天技术、向宇宙空间进军的强烈愿望和决心。1963年，中国科学院成立了星际航行委员会，负责制定星际航行发展规划。1964年11月，在国防部第五研究院一分院的基础上组建运载火箭研究院。这时，我国研制人造卫星及其运载火箭的条件已经成熟。

1965年1月，钱学森上书中央提出，自苏联1957年10月4日发射第一颗人造卫星以来，中国科学院和国防部五院对这些新技术都有过研究，现在看来，研制弹道火箭已有一定基础，进一步发展中远程火箭，即能发射一定重量的卫星。计划中的远程火箭无疑也有发射人造卫星的能力。1965年4月，国防科委提出了1970至1971年期间发射我国第一颗人造卫星的设想。卫星本体由中国科学院负责研制，运载火箭由当时国防部五院转成第七机械工业部负责研制。地面观测、跟踪、遥控系统以科学院为主，第四机械工业部配合研制。搞人造卫星采取由易到难、由低到高、循序渐进逐步发展的方针。

1965年9月，中国科学院开始组建人造卫星设计院，正式实施我国第一颗人造卫星工程研制计划。确定卫星起点要高，在技术上要做到比苏、美第一颗卫星先进。卫星入轨后要抓得住、测得准、预报及时。为保证第一颗卫星发射需要，在全国疆域内建立相应的观测网、信息传递系统和计算机控制中心。

1966 年，我国第一颗人造卫星被命名为"东方红 1"号；运载火箭命名为"长征 1"号，采用两级液体燃料火箭加第三级固体燃料火箭发动机组成，计划在 1970 年发射。

"东方红"1 号

1970 年 1 月 30 日，中远程火箭飞行试验成功，我国的多级火箭技术取得突破，为发射"长征 1"号火箭奠定了基础。另外，早在 1967 年第一个卫星发射工程已经完工。1970 年 4 月 2 日，周恩来召集会议听取"东方红 1"号卫星和"长征 1"号火箭情况汇报。4 月 23 日，毛泽东亲自批准发射第一颗人造地球卫星。

1970 年 4 月 24 日，我国第一颗人造地球卫星"东方红 1"号发射成功，揭开了我国航天活动的序幕，宣告我国也进入了航天时代，成为继苏、美、法日之后世界上第五个独立自主发射人造卫星的国家。"东方红 1"号卫星为多面球体，重 173 千克，用 20.009 兆赫的频率播送《东方红》乐曲。

我国第一颗人造卫星发射成功，全面考核和验证了卫星、火箭、发射场、地面测控网各大系统的有效性和协调性，是我国航天技术发展史上一个大突破。我国第一颗人造卫星虽然比苏联发射世界上第一颗人造卫星晚 13 年，但毕竟是在我国当时经济技术比较落后的时候，完全依靠自己的力量实现的，显示了勤劳勇敢的中国人民的智慧和力量。

中国取得的航天技术成就

1. 发射系列返回式遥感卫星。20 世纪 70 年代初期我国发射的第一、二颗卫星，集中代表了我国航天活动的初期水平。接着我国航天工作者就开始向更高目标前进，研制比第一、二颗卫星重10倍、技术更复杂的返回式遥感卫星及其大型运载火箭。1975年11月26日，我国发射返回式遥感卫星获得成功，这是我国航天技术发展史上又一重大突破。到1992年8月9日，我国共发射13颗返回式遥感卫星，成功率达到百分之百。

研制返回式遥感卫星是很不容易的，需要解决一系列复杂的技术问题。从运载工具来说，要研制具有更大推力的精确制导的大型火箭，保证把卫星准确地送入预定轨道。"长征2"号是我国专用于向地球低轨道发射重型卫星的两级运载火箭，返回遥感卫星均是用它发射的。例如，1992年8月6日，我国第二代返回式科学试验卫星就是用"长征2"号运载火箭发射的。它包括卫星在内全长约38米，起飞质量达232吨。从卫星来说，为了完成对地观测任务，需要研制技术要求很高的空间遥感仪器；卫星在运行中必须保持高精度的姿态，并按预定程序准确无误地工作。要使卫星从轨道上安全返回地面，除解决一般卫星的技术问题外，首先必须突破卫星调姿、制动、防热、软着陆、标位及寻找等技术难关。例如，要有制动（反推）火箭发动机，使卫星有脱离原运行轨道的能力；要解决回收舱再入大气层的气动力和防热问题，研制耐高温材料；要有安全可靠的回收系统，并在一定区域内部署空中、地面互相配合的回收队伍；要在更长的运行弧段之内对卫星进行精确的测量、跟踪，并根据实测轨道参数对卫星上装订的程序控制数据进行必要的控制和管理，为此要建立更大范围、更多功能的地面测控网。

返回式卫星的用途主要有3个方面：一是作为观测地球的空间平台。由于卫星飞得高，"看"得远，视角大，能做到反复、大范围地对地面及大气层进行观察，获取遥感资料，并带回地面进行处理分析，提供国民经济各部门使用。二是作为微重力试验平台，在空间进行各种科学实验，生产、制造地面难以获得的材料、物品。实验结果证明，返回式卫星所具备的微重力实验条件优于航天飞机。我国返回式卫星已多次为国内外用户提供了搭载服务，都获得满意结果。三是卫星返回技术是发展载人航天必须掌握的技术，因为航天员总是要返回地面的。发展卫星返回技术，将为载人航天打下技术基础。因此，返回式卫星在世界各类航天器中占有重要地位。

2. 发射系列地球同步通信卫星。向地球静止轨道进军，发射地球同步通信卫星，是我国航天科技工作者为自己定下的又一重大奋斗目标。要把通信卫星送到高度为 35860 千米的地球静止轨道，首先要研制一种运载能力比现有火箭大得多的新型运载火箭。"长征 3"号就是我国用于向地球静止轨道发射通信卫星的运载火箭。它的一、二级利用了我国远程液体燃料火箭的成果，第三级采用高能低温燃料，这是一个新技术领域。由于低温燃料带来的一系列复杂技术问题，第三级低温火箭的研制成为整个卫星通信工程的关键。特别是低温火箭发动机，攻关历时 7 年，经过 100 多次试车，走过了艰难历程，终于获得成功。1983 年 8 月，"长征 3"号火箭全系统试验成功，为发射地球静止轨道卫星创造了最重要的条件。

"东方红 2"号卫星，是我国第一颗试验通信卫星。由于卫星工作寿命长，卫星定点、定向均有极高要求，星上各系统仪器研制技术难度都很大。星上远地点固体火箭发动机要求很高的可靠性。经过几年的技术攻关，我国科技工作者成功地闯了过来。1983 年，"东方红 2"号卫星进入了总装测试阶段。

由于卫星通信工程的火箭、卫星、发射场设施都是新研制的，为了检验三大系统的协调性，1984 年 1 月 29 日，我国先行发射了一颗试验卫星，进入了一条远地点高度为 6480 千米的椭圆轨道，进行了通信、广播和电视传输等技术试验，取得重要成果，为发射试验通信卫星提供了经验。

1984 年 4 月 8 日，"长征 3"号运载火箭把我国第一颗试验通信卫星送入了大椭圆过渡轨道，远地点固体火箭发动机成功地把卫星送入准静止轨道。4 月 16 日，也就是从发射日起，只用了 8 天时间，就把试验通信卫星成功地定点在东经 125°赤道上空，表明我国卫星测控技术达到了相当高的水平。卫星定点后，各地面通信台站同卫星成功地进行了通信、广播、电视传输试验。试验表明，卫星转播图像清晰，色彩鲜艳，音质也很好。试验通信卫星的研制和发射，其规模之大、技术之复杂、组织之严密，在我国航天史上是空前的，标志我国航天技术有了新的飞跃，并使我国成为世界上少数几个能独立发射同步定点卫星、掌握先进的低温火箭技术的国家。从 1984 年 4 月 8 日至 20 世纪末，"长征 3"号运载火箭成功地将 6 颗实验通信卫星和实用通信卫星送入地球同步轨道，其中包括世人瞩目的"亚洲 1"号通信卫星。在外层空间唯一的地球静止轨道上，我国的人造卫星占据了自己应有的轨道位置，是中华民族的骄傲。我国地球同步通信卫星的发射，满足了广播电影电视部、水电部、新华社、总参通信等单位预定的电视、广播、电话、传真等通信业务的需要。目前我国卫星转发器的波束已能覆盖全国，除开出两套中央电视台节目、两套教育电视台节目外，还为新疆、云南、贵州和西藏各开了一套地方电视节目。为此，直径为 3～6 米的电视单收站已有 2 万个。另外还开出了 30 路中央人民广播电台节目，以及人民银行专用的卫星通信线路。

3. "长征 4"号火箭发射气象卫星。"长征 4"号是我国研制的一种具有多功能发射能力的三级运载火箭，自 1988 年 9 月到目前为止，"长征 4"号已经成功地将两颗"风云"号气象卫星送入轨道。这是两颗经过极地的太阳同步轨道卫星。

4. "长征 2"号捆绑式运载火箭投入国际商业服务。我国成功研制了大推力捆绑式"长征 2"号 E 型火箭，它以"长征 2"号的一级火箭为芯级，捆绑了 4 枚小的助推器加大了初级推力，能将 9.2 吨的有效载荷送入低轨道，是我国目前运载能力最大的一种火箭，也是世界上大型商用火箭之一。它的起飞质量 460 吨，起飞推力 600 吨。1992 年 8 月 14 日清晨 7 时，在万众瞩目之下，"长征 2"号 E 捆绑式火箭在我国西昌卫星发射中心点火起飞，成功地把美国休斯公司制造的大吨位、高容量新一代澳大利亚卫星"澳赛特 B1"送入了预定轨道，表明我国已具有发射重型卫星的能力，并正式进入国际商业服务市场。

"长征 2"号捆绑式火箭还具有较强的潜在发射能力，它配上国产的固体顶级火箭，可将 3.37 吨重的卫星直接送入离地面 36000 千米的地球同步转移轨道，很适合"澳星"这一种重量级的通信卫星的发射。如果配上氢氧顶级火箭，它可将 4.8 吨重的卫星直接送入地球同步转移轨道，其运载能力为"长征 3"号火箭的 3.2 倍，能满足更大重量级的国际通信卫星的发射服务需要。

"长征 2"号捆绑式火箭还可对小型低轨道通信卫星进行群射，每次能发射 7～9 颗小型通信卫星。专家分析，用 2 年时间就可以为国际用户组网式发射由近百颗地轨道卫星组成的卫星通信系统，因而在国际市场上具有广阔的发展前景。我国的发射服务正逐步获得国际宇航技术界、商业界、保险界和投资界的承认与好评。

卫星通信和通信卫星的特点

卫星通信是航天技术服务人类日常生活的杰出范例。世界第一颗用于通信的试验卫星是在 1958 年底发射成功的。它在通信方面的应用立即受到人们的普遍重视。但通信卫星的真正发展是在 20 世纪 60 年代，并在以后的年代得到进一步完善和提高。通信卫星的发展是从探索利用卫星传播无线电信号的可能性开始的，中间经过了只反射电波的被动式通信卫星、有放大作用的主动式通信卫星以及地球低轨道、中轨道、高轨道、圆轨道、大椭圆轨道等卫星的技术探索，直到发射成功高悬地球赤道上空 36000 千米处的地球同步轨道通信卫星，使卫星通信达到了成熟的实用阶段。

卫星通信就是利用通信卫星作为中继站进行地球上各点之间的通信，是航天技术与通信技术相结合而产生的现代通信手段。它由空间和地面两部分组成。通信卫星由通信天线和通信转发器组成的专用系统来转发无线电信号。向通信卫星发射无线电信号和接收来自通信卫星信号的组合设备，可设在陆地、海洋船只、大气层中飞行的飞机上，它们分别称为固定地球站和移动地球站。对轨道上通信卫星进行跟踪、遥测、遥控和监视，以保证通信卫星正常工作。这些设备往往和一个标准卫星通信地球站设在同一地点，构成操纵卫星和调度其他地球站业务的卫星通信控制中心。

卫星通信是通过通信卫星对无线电信号进行放大和转发来实现信号传输的，它不受高层大气、气候、季节、距离等条件的限制，传输质量高、稳定可靠。各地面地球站只要一个天线系统和一套接收发射装置就可进行工作。由于卫星通信的费用与通信距离无关，对远距离通信最为经济。

卫星通信系统通常都工作在微波频段，工作效率高且通信容量大。例如目前在轨道运行的国际通信卫星 - 5 是为满足国际电话、电视、电报及高速数据通信而发射的第五代通信卫星。卫星重量约 1.9 吨，包括太阳能电池板在内的最大跨度达 15.7 米，沿地垂线轴长 7.3 米。该卫星拥有 12000 多条双向话路。

近年的卫星通信又向毫米波频段推进且获得显著进展。通信卫星的体积更趋小巧，通信容量则更大。由于毫米波天线反射器很小就能获得规定的增益和指向，因此地面终端也可做得小巧、轻便。目前世界上已出现了便携式地面卫星通信设备，重量只有 20 千克。使用毫米波卫星通信，无论是可靠性、使用寿命或是成本都更具优势。

航天技术的发展促使通信业务不断扩大，通信卫星不断向专业化方向发展，除国际公共通信卫星外，出现了地区性和国内公共卫星通信以及海事卫星、数据中继卫星、广播卫星等专用通信卫星，使各种专业化通信网日益增多和完善。现在公共卫星通信网、专用卫星通信网遍及全球，它们把地球上人与人之间距离变近，关系变得更密切了。人们的工作、生活离不开的电话、电报、传真、数据传输和电视都离不开卫星通信，其信息传递之快速、方便，不仅给人们带来极大方便，并已成为现代信息社会的支柱。例如，大家知道，印度尼西亚是一个由几千个岛屿组成的海洋国家，通信曾是这个发展中国家最头痛的事。然而，该国在建成国内公共卫星通信网以后，一下子把几千个岛屿的通信都联网在一起，并使其通信事业步入世界的先进行列。通信事业的发展，很大程度上促进了这个发展中国家的经济活力。

又如，在我们中国，用我们自己成功发射的通信卫星完成了广播电影电视部、水电部、新华社、总参通信部等单位预定的电视、广播、电话、传真等通信业务。现在乌鲁木齐、拉萨等边远城市收不到当日中央电视台节目的日子已成为历史。此外，我国用自己的通信卫星还沟通了北京至乌鲁木齐、拉萨、昆明的电话线路以及成都至拉萨、昆明、兰州至乌鲁木齐的通信线路，开通了拉萨至全国 520 个大中城市的长途自动拨号，加强了边远地区和首都以及内地的联系。这对繁荣边疆地区的政治、经济和文化生活起着极为重要的作用。

平均大小只有一辆旅行车的现代通信卫星，可以拥有 24 个通信转发器，是在地球轨道上飞行的真正的太空交换台。它不断接收并转发来自各地奔流不尽的信息，可同时传送 12000 路长途电话并同时转播若干套电视节目，还能将新闻报刊模板从中心城市发往各地城镇印刷厂，使当地读者能看到当天大都会的报纸、杂志。

卫星通信，正在迅速地向用计算机互连着的综合数据传输（声音、数据、文字和图像）网络、电视会议、电视教育、数据采集、新闻报刊模板传递、航空航海通信、远距离诊病和医疗、政府行政管理、电子邮递和应急救灾等领域发展。因此，完全可以说，航天技术不仅改变了通信体系，而且使通信的发展影响着人类社会的生活方式。

目前应用的通信卫星，发射入轨后处在离地球轨道高度为35860千米的赤道上空。其特点是：第一，自西向东运行，和地球的自转方向相同；第二，它的时速为11070千米，每绕地球一圈历时24小时，因此和地球的自转周期24小时一样。由于这两个特点，从地球看通信卫星，仿佛它是一颗悬挂在赤道上空某点上静止不动的星星，所以称它为对地静止卫星或地球同步通信卫星。

同步通信卫星的第三个特点是：离地高度较一般卫星为高，通过卫星通信天线能将电波传送至地球表面大部分地区，覆盖面积极大。除最北和最南纬度以外，大约有1/3的地球表面可以见到这颗卫星。因此，如果有3颗这样的卫星在赤道上空以均等距离定位并互相联系组成一个通信卫星系统，那么就可以将通信业务扩大到除南北极地区以外的整个地球表面。

通信卫星的第四个特点是：它比发射较近地轨道卫星的发射复杂得多，通常要分3个阶段进行：第一阶段是运载火箭带着卫星进入有倾角、低高度的圆形地球轨道，轨道高度为200千米，通常称它为初始轨道。所谓有倾角，指的是卫星运行轨道平面和地球赤道平面之间有一夹角。第二阶段，当卫星经过地球赤道上空时，运载火箭发动机再次进行启动，使速度增加，飞向一个远地点，到达35860千米的椭圆轨道，称作转移或过渡轨道，这是一个与赤道平面成倾角的很扁的椭圆轨道。卫星进入转移轨道后便与运载火箭分离。第三阶段，当卫星到达远地点，同时也正好穿过地球赤道平面时，地面测控中心发出命令调整卫星姿态，启动卫星自带的远地点发动机，使该发动机推力所产生的速度和卫星原有速度合成后正好等于赤道平面上空静止卫星所必需的速度，这样卫星便从转移轨道进入赤道平面上空并定点在静止轨道上。较早时期发射的通信卫星采用自旋稳定技术，对地定向精度不够高；后来采用三轴卫星姿态控制技术，可使卫星天线永远指向地球，并有很高的指向精度，太阳能电池则能永远定向太阳。地面遥测系统还时刻监视着卫星的工作状态，必要时还发出指令经无线电遥控系统对星上各设备进行调整和修正。

太阳能电池板

太阳能电池板是由若干个太阳能电池组件按一定方式组装在一块板上的组装件。太阳能电池板主要材料是"硅","硅"是我们这个星球上储藏最丰量的材料之一。太阳能电池板是太阳能发电系统中的核心部分,也是太阳能发电系统中价值最高的部分。其作用是将太阳能转化为电能,或送往蓄电池中存储起来,或推动负载工作。

太阳能电池按制造材料分类,主要可以分为单晶硅太阳能电池、多晶硅太阳能电池、非晶硅太阳能电池和多元化合物太阳能电池等。各种太阳能电池各有优缺点,仍需在技术上做进一步的完善。

专门化通信卫星——电视直播卫星

电视直播卫星,也叫广播卫星,是一种专门化的通信卫星,主要用于电视广播。它由广播转发器和收发天线构成电视广播转发系统,外加保障系统,是运行在地球静止轨道上的太空广播发射台。

用广播卫星直接向公众转播电视图像和声音信号的广播方式叫做卫星广播。卫星广播通过卫星广播系统来实现,这个系统由广播卫星、地面接收网、上行站和测探站共同组成。

电视直播卫星采用三轴卫星姿控技术,对地定向精度很高,并装备折叠式大面积太阳能电池板,发射功率大,覆盖面积广。通过卫星广播系统,只要在电视机上安装一根小型天线等设备,无需经过电视台转播便可接收直播电视。因此,直播电视为电视教育、医学和医疗活动、文化和体育生活提供很大方便。用这种卫星还可转播电影。例如,由卫星电影公司先将电影的图像用无线电发射至租用的卫星频道上,再由卫星向地面转播。地面上的电影院,如果希望放映卫星电影公司的电影,须向该公司购买"转播密码"器装在自己的接收设备上,这样就可以在自己的大银幕上播出影片。

电视直播卫星的应用,对个体家庭用户造福很大。特别是和地面电视比较，它具有极大的优越性。首先，它的覆盖面积广大，可以解决一些国家边远地区、山区、海岛和其他地面中继站难以布站地区电视覆盖困难的问题。现在有了直播电视，那些居住在边远山区的散户，均可在电视机上装上一根小型天线，通过电视和大城市一样放眼看世界了。其次，地面电视台站网传送电视到较远地区往往要经过多次中继转播，广播质量受到严重的影响，而卫星直播电视的转播环节少且通常采用调频方式，所以接收质量好。

气象卫星的巨大作用

气象卫星起源于侦察卫星，是一种专门用来对地球和大气进行观测的卫星。1960年4月1日，美国发射了世界上第一颗气象卫星，率先将航天科技引入气象科学领域。它向美国提供世界范围的气象资料。苏联应用气象卫星也较早，它的第一颗实用气象卫星是在1966年6月发射的。

气象卫星上通常装备有电视摄像系统、扫描辐射装置、自动图片传输系统和自动贮存装置等仪器设备。利用这些仪器，可对全球气象进行观测，以获得各地大气的温度、湿度、压力、密度、大气结构等信息。

当气象卫星在预定的轨道上运行时，其电视摄像系统的摄像机，每隔一定时间开启一次快门，便得到一张地球大气云图照片。然后通过转换设备，卫星将云图照片的图像信息转化成电信号送进贮存装置自动存储起来。它的存贮装置可以容纳世界各地的全部云图信息。当卫星经过地面接收站时，地面上给它发出一条指令，卫星就把全部信息传送下来。如果不用存储器，卫星还可以用无线电信号立即向地面传送。地面只要有接收设备，就可立即收到卫星实时拍摄的照片。任何物体都具有一定的温度而放出一定的热量，卫星上的扫描辐射装置测量出云的热辐射量，就得到红外云图。红外云图可反映地面和云顶的温度。大气温度一般比地面低，不同高度的云层温度也不同，因此它们的热辐射量就有强弱之分。在卫星红外云图照片上，白的地方是冷区，就是中高云区。黑的地方是暖区，是地面、水面或低云区。

扫描辐射装置和电视摄像机拍摄图片的方式也是不同的。它是用扫描镜以固定转速向地球扫描，每转一圈，就得到从地球一端到另一端的一长条扫描线。卫星不断前进时，一条条扫描线互相衔接，就构成一张完整的红外云图。

1974年5月17日，美国又发射了第一颗同步气象卫星，与其他系列的气象卫星相比，它的覆盖面积大，能及时提供大量的气象资料，昼夜不停地向地面传输整个西半球的分辨率极高的气象照片。它每半小时就传输一次观测资料，利用这些资料可深入了解大气动力学过程和能量交换过程，改善了气象预报的准确性。世界各地有500多个接收站的自动图像装置也可直接接收卫星照片。

虽然对地静止或同步气象卫星覆盖面积大，但不能覆盖地球南北极地区，因此像苏联这样地临北极的国家发射了另一种极轨气象卫星，或者太阳同步轨道低轨道气象卫星，高度一般在700~1500千米。这是一种具有轨道倾角约90°、飞越地球南北极上空的气象卫星。大家知道地球并非标准圆球体，而是在其赤道部分有些微微膨胀的扁球体，膨胀部分对人造天体产生额外吸引力，能使卫星运行的轨道面慢慢转动，轨道面转动速度的大小与轨道倾角、高度和形状有关，倾角越小转动越快。倾角为99°、高度为920千米的近极地圆轨道，轨道平面每天顺地球自转方向转动一度，与太阳照射方向因地球绕太阳公转每天顺向转动一度恰好同步，或说轨道面转动方向和周期与地球公转方向和周期相等的轨道叫做太阳同步轨道。太阳同步轨道的优点是轨道面和太阳方向所成的夹角大体上是一定的。所以在太阳同步轨道上运行的气象卫星，每天在相同的时间里大体上通过同一地球纬度；就是说，太阳同步轨道能使气象卫星始终在同样的光照条件下观测地面，给光学传感器创造了最合适的光照条件。但另一方面，极轨气象卫星的轨道倾角在90°附近而不能利用因地球自转产生的向东速度，发射时要求运载火箭有更大的负担。我国发射的"风云1"号气象卫星，也是太阳同步轨道卫星。

由于利用气象卫星可以收集到地面气象台站难以收集、气球和飞机不能获得的高空、超高空气象情况，大大提高了天气预报的准确性和实时性。电视节目中，每天播放天气预报的同时，还展现一幅幅色彩斑斓的卫星云图照片，它们就是气象卫星用电视摄像机和扫描辐射装置从太空对地球拍摄而成的。这种每日天气预报给每一个人带来很大方便，对农业、运输业的作用更是巨大。运行在宇宙空间的各种各样的气象卫星，时刻监视着台风、强暴风、暴雨以及干旱等灾害性天气的变化。它们不受地理条件限制，可以取得人迹稀少的海面、极地、高原、沙漠、森林等地区的气象资料，更能进一步帮助监视危害性天气。随着微波雷达在气象卫星上获得应用以及大气遥感技术和大气科学的发展，气象卫星已经从定性的云图探测，逐步向定量探测大气温度、湿度、风速、云量、降水量、海面湿度以及大气成分等方面发展，这在提高中长期天气预报准确性方面会发挥更大作用。

世界气象组织为了更好地全面掌握全球天气变化，组织了一个全球气象卫星网并投入运行。该系统由 5 颗地球同步轨道气象卫星和 2 颗太阳同步轨道气象卫星组成。5 颗对地静止气象卫星，每颗能对南北纬度 50°和间隔经度 70°的近圆形地区进行观测，它们分别由美国提供 2 颗，苏联、欧空局和日本各提供 1 颗。极地轨道上 2 颗气象卫星是用来弥补 5 颗对地静止气象卫星无法覆盖地球两极地区的缺陷而发射的，分别由美、苏各提供 1 颗。这个纵横交错的气象卫星网可以连续监视全球任何一个地区的气象变化。世界各国都可以借助简单的接收设备免费接收卫星发回的云图，提高天气预报的及时性与准确性。

···▶▶ **知识点**

卫星云图

我们在天气预报中常常听到预报员提到"卫星云图"一词，什么是卫星云图呢？所谓的卫星云图就是由气象卫星自上而下观测到的地球上的云层覆盖和地表面特征的图像。

卫星对地球的观测已经成为当今世界不可或缺的信息来源。利用卫星云图可以识别不同的天气系统，确定它们的位置，估计其强度和发展趋势，为天气分析和天气预报提供重要的依据。在海洋、沙漠、高原等缺少气象观测台站的地区，卫星云图所提供的资料，弥补了常规探测资料的不足，对提高预报准确率起了重要作用。

海洋的实时检测器——海洋卫星

人类居住的地球，其表面大部分为海洋，约占整个地球表面积的71%。它变化无常，对人类活动的影响是非常巨大的。对海洋进行深入了解和认识一直是科学家们迫切的愿望。然而，海洋上观测条件比陆地上要困难得多，利用船舶测量的经典的海洋学观测方法有很大的局限性，严重妨碍了海洋现象，特别是海洋动力学现象的观测。只有对海洋多变的状态做连续和实时的观测，才有可能使人类及时掌握海洋动力学数据，认识海洋，开发和利用海洋。

装备光学成像设备和能探测海洋电磁辐射及其在不同状态下的海面的反射、散射等特性的微波设备的海洋卫星，不仅能测得海洋水面的图像，还能获知海水温度，海面风速、风向，海面波浪高度，海面的湾流，海貌等数据。

根据卫星轨道运行特点，海洋卫星能在短时间内提供大面积的乃至全球性的海洋数据，从而使其成为观察海洋学，特别是海洋动力学现象的最强有力的工具。海洋卫星还能预测海洋总的环流，概略监视和预测海洋表面的动力学现象，改善全球天气预报和全球水准面的精度。

海洋卫星一般装备5种遥感器，即雷达测高仪、微波风场散射计、综合孔径雷达、微波辐射计、可见光和红外辐射计。雷达测高仪有两项功能：其一是测量卫星到星下点海面的距离，为测量海洋水准面提供数据。测距精度可达正负10厘米。其二是测量海面的粗糙度，以便获得1~20米范围内的波浪高度信息，精度为波高的10%。海底地震引起海啸，传播速度很快，常常会给岸边和海上船舶造成巨大灾害。雷达测高计能够测量海啸波的高度和分布，确定海啸传播方向，对即将被袭击地区发出预警。

综合孔径雷达，可以获得海洋的图像，从这些图像可以提取海洋的波形图和海洋动力学特性。雷达能发射波长为50~1000米的海水波图像。这种成像雷达波可以穿过云层，风雨无阻，昼夜都能进行工作。它能提供靠近海岸线的波浪图，矿物沉淀和其他类似特征的高分辨率图像，测量它们的面积。还能测绘冰原、油污等污染范围。它还能以25米的分辨率确定鱼群和测绘海流图。

微波风场散射计也是一部有源雷达，是一种长脉冲雷达。它可测量全球范围内任何方向的风场，测量风速范围为每秒 3～25 米。散射计的地面覆盖范围是离星下点两侧约 235 千米对称的一条宽带。

微波辐射计是一种扫描多频率无源微波遥感器，能感测海洋表面微波辐射的强度或表面辐射微波的亮度温度。亮度温度是物质发射率、电解性质和粗糙度的函数。这种微波辐射计能探测大于每秒 50 米速度的海面风的振幅，能检测 2～35℃ 范围内的海水表面温度，测量大气中的水蒸气、海岸特征等。扫描微波辐射计天线从卫星上垂直地面作正负 35 度范围内扫描，相当于以星下点为中心约 1000 千米的地面覆盖范围。微波辐射计为微波风场散射计、雷达测高计提供重要的大气校正数据。

可见光和红外辐射计是辅助测量设备，提供海洋海岸、大气特性的可见光和热红外图像，帮助识别海流、暴风雨、海洋冰、云层、岛屿等。它使用 360° 的扫描，监视星下 1800 千米宽的覆盖带。

海洋卫星给人类创造的物质利益是巨大的。它能提供实时的或近实时的环境条件数据，能使海上和岸边生命保护、岸边建设、船舶设计制造、捕鱼、海上作业等工程设计更加合理和经济。

卫星在救援中发挥的作用

苏联在北方有一条著名的长达 6000 千米的北海船舶航线，担负着向北极地区运输燃料、设备和食品给养任务，那里有一些极重要的经济部门。然而，北极地区非常寒冷，经常有浮冰干扰船舶的运行。运输船队在原子破冰船的引导下，航行也很困难。如果能实时给运输船队提供该地区水域浮冰详细地图，那么将给船队正常航行做出保证。但是，气象卫星只能提供大气云图。在冬天，北极地区被长期的极夜掩盖着，在夏天则被重重的云层屏蔽着。从外层空间利用卫星对北极地区进行扫描摄像是不可能得到洋面上重冰覆盖的图景的。

有鉴于此，必须采用别的技术手段。于是，苏联发射了一颗专门研究地球环境的"宇宙 1500"号地球和海洋观测卫星。它装备的不是气象卫星通常携带的电视摄像和扫描辐射装置，而是一台波段为 3 厘米的空间微波侧视雷达。由于微波雷达不受云层和雾霾影响，能提取北极地区的信息并在卫星上形成清晰图像，标出冰区状况，传输到用户手中。

1983 年，一场多年罕见的寒流，使有 12 条船的运输船队被重冰冰封在狭长的东西伯利亚海和楚科奇海域之间，情况险恶。正是由于"宇宙 1500"号卫星的帮助，将它所测量该地域获得的冰区图像及时传送到船队，才使得该运输船队有可能在重冰覆盖的区域中找出航道，从冰封中逃出来。

1985 年夏季，米哈依尔—沙莫夫捕磷虾船队陷于离南极洲海岸不远的大片浮冰包围之中，也是来自卫星的信息帮助该电动船队为通过 1000 千米的重冰覆盖区找到最佳冰间水路，冲出了浮冰区域。

1982 年 10 月某天上午，由 3 名水手驾驶的冈佐号三体赛艇在大西洋楠塔基特岛以东约 555 千米的海域中被狂风巨浪打翻，陷入了任凭风暴摆布的境地，处境极其危险。

美国海岸警卫队营救中心得到呼救信号后认为，在如此浩瀚的水面上搜寻遇难者也许得花上好几天时间。他们认为要营救遇难者，首先必须测出遇难船的精确方位。这最好请苏联的"宇宙 1383"救援卫星提供帮助，因为该卫星能把监测到的国际民用呼救无线电频率自动地转发到北半球的地面接收站网络系统里，由那里的计算机计算出遇难船只的精确方位。第二天早晨，美国海岸警卫队派出飞机，根据卫星提供的方位，很快找到了遇难船只。救援人员兴奋得叫了起来："那颗卫星竟然把发现目标缩小在 18 千米的范围内。"于是他们从飞机上放下绳索把 3 名遇险的水手救了起来。这次救援是西方利用苏联"宇宙 1383"号卫星进行的首次国际救援合作。

在这之后，有关国家谋求建立一个全球性卫星与地面站海空难人员救援系统，以便随时测定出陆上或海中遇难者，旨在拯救他们处于绝境的生命。这个营救系统拥有 4 颗人造卫星和 11 个地面接收站。这些地面接收站分布在美国、加拿大、英国、法国、挪威以及苏联境内。自从该卫星营救系统投入使用后，发挥的作用超出了设计人员的原来预估。仅自 1982 年底到 1984 年止，这个营救系统已协助营救 341 名遇难者。在这些人中，有些是因飞机失事抛在荒无人烟的地方；有些则是因为船体触礁被弃在汪洋大海之中。据统计，如果遇难者能在 8 小时内获救，幸存率可达 50%，如果两天后方能获救，幸存率不到 10%。实践证明，卫星营救系统提供信息的速度快、准确度高，提高了海空难人员救援的效率，因而也大大帮助了遇难者获得生存的机会。

导航卫星为人类指引航向

对舰船、飞机进行全球导航定位用的人造卫星，叫导航卫星。它首先应用于舰船导航，后又扩大至飞机导航；先是定位，后来不仅能定位，也能测定速度。

例如基卡大卫星导航系统已投入运行。它拥有 4~5 个高度 1000 千米、倾角 83° 的圆形轨道卫星，提供的服务面覆盖全球，用户数量不受限制，确定航海船只的位置误差为 100 米，视纬度不同 1 小时或 2 小时定位一次。船上用来自基卡大系统的信号使接收设备运行，自动确定船的位置，坐标定位结果显示在荧光屏上并可记录；两次导航会期之间则进行船位预测。如果接收设备同时用和基卡大类似的美国运输系统的信号工作，海船使用导航系统的效率还可获得提高。

新一代的卫星导航系统不仅能连续确定海船，而且能在全球范围内确定民航飞机的位置；不仅确定它们的坐标位置，还能确定它们的航速。例如名叫格罗诺斯的卫星导航系统就是一个代表。计划在第一阶段使用 11~12 个卫星，在高度为 19100 千米、倾角约 65 度的圆形轨道上运行，1995 年前发射。第二阶段扩展到 24 颗卫星，1995 年后发射。所有 24 颗卫星在 3 个不同轨道平面内绕地运行，每个平面有 7~8 颗卫星。

卫星导航对提高民航飞机运行效率和飞行安全具有重大意义。由于民航业的发展，目前在北大西洋和北太平洋航线上，空中交通已相当拥挤，并已趋饱和。现有空中安全标准规定，两飞机的侧向距离需保持 100 千米，纵向距离约需 140 千米。若能缩短此安全标准距离，飞机客运量便可大大提高。采用卫星导航，空中交通管制人员便可准确知道飞机在什么地方，把飞机安排得近一些。卫星导航可使飞机减少延误，从而提高燃料效率。若飞机在海上坠毁，搜寻小组也可较清楚地确定搜寻地点。

美国和俄罗斯的卫星导航系统将联合起来，共同解决空中交通管制问题。例如从 1991 年起美国西北航空公司的一架波音 747 飞机上将同时安装美、俄两国的导航卫星接收机，以确定它在飞行中的坐标位置和速度。

空间技术助人类勘探地球资源

在人类面临的众多问题中，最重要的莫过于食物、环境和能源问题。这些问题只有依靠科学技术的进步才能获得解决。在这方面，从空间研究地球的前景十分诱人。目前已经从空间航天器获得大量信息，用于促进生产力的发展和环境的监督与保护。例如这些信息广泛用于地质、测绘、农业、森林、水资源管理、捕鱼、海洋地图、土壤改良以及城市规划。人们已经认识到，利用空间技术进行地球自然资源研究和环境的监督与保护，对人类社会有着极端重要和刻不容缓的作用。

在地球自然资源的研究上，应该指出目前来自空间的地球照片的一半为地质学家所用。因为从空间获得的地球遥感图像照片具有宏观特性，专家们常常利用图像上显示出来的色调、水系、地形形态和阴影以及由它们组合的花纹等标志进行分析和研究，去识别它们的分布关系和规律，从中寻找地下宝藏所在部位和地质现象如蚀变带等。这就大大补充了常规地质方法得不到的地质现象。这种照片还能使专家们确定地壳裂缝集中的区域、带矿熔岩沉淀的期间。使用常规技术的地质队要发现并弄清其成因，则要花上几十年时间。

空间获得的地球图像是它的外貌的缩影，地球上许多地质构造和岩浆活动现象是通过地貌显示出来的。地球上矿产分布也是有规律的，这种规律与成矿的地质条件有关，在空间地球图像上恰恰能显示出这种成矿地质条件的规律，这样就可利用空间地球图像来寻找矿产资源的分布。例如，美国在内华达州戈尔德菲尔德矿区，岩浆热液侵入围岩所发生的化学反应，在地壳上形成不同的颜色蚀变带。从卫星比值图像上形成的不同色调或彩色的环状条带上，可发现褐铁矿蚀变带呈绿色或褐色。利用这种彩色，在区域中寻找到了相似的地区，成为有希望的找矿地段。又例如法国在尼日利亚发现一些南北向的线性裂隙控制着铀矿。根据这一线索，从卫星图像上铀矿所在盆地的北部也发现了南北向线性裂隙，经过普查，果然有铀矿。

利用空间地球图像显示出来的微小地形变化和水系的组合形式，还可以推测出一些储油构造。如美国在科罗拉多西北部莫法特岛和桑恩堡地区利用坚硬的砂岩山岭圈定出储油的背斜构造。利用放射状水系图式和"环抱"的河流分布，研究出皮塞昂士溪气田是一个封闭的背斜构造。还用卫星地球图像上不同的标志和油气田之间的关系，直接评价油田，大大加快了石油普查和勘探的速度。在苏联，利用地球资源卫星的遥感图像照片也帮助发现了位于里海附近的含天然气区域，弄清了西伯利亚的石油储量以及北部西伯利亚、远东和雅库特等地区的矿床资源，还有将近100个颇有商业前景的大范围矿泉藏量也被发现。

从空间地球图像上分析地球的断层，要比常规填图方法去测绘优越得多。它不但能核实断层，而且还能发现一些未被发现的断层或隐伏的线性断层。地球上许多断层是岩浆的通道，它可以直接控制某些矿床。所以人们用解释地球图像得到的许多线性断层交叉部位或密集部位去寻找岩浆矿床，这就大大缩短了野外勘察的时间，而且也节约了人力、物力。目前许多国家利用这种方法来寻找铀矿、多金属和铁矿，收到了不同程度的效果。

地表以下的隐伏地质体，埋藏深度在地表以下几米到几千米，一般不易发现。可是利用空间地球遥感图像寻找隐伏的地质体就比较容易。它主要通过生物地球化学、土壤以及植被的光谱特性差异，从显示在图像上的花纹标志去识别。例如，一个地区含有隐伏的铜体，铜对植被有毒害，往往会使植物的叶发黄、形畸变以致枯死，不同的含铜量，植被中毒程度也不同，这种现象会在卫星地球图像上清楚地显示出来，从而间接地绘出隐伏地质体和矿化的部位。空间地球图像主要反映地表信息，如果用物探资料航磁、重力等结合地质理论和图像的解释进行综合分析，专家们不但能用空间地球图像观察地表现象和隐伏的地质体，也能用物探资料引证和推测地壳内部的地质现象，从而达到比较正确的判别地质体和成矿部位的目的。

地质图是地质找矿中的基础图件，地质填图则是区域找矿中的基本方法之一。如果有一张比较精确的地质图，对寻找矿床会有很大帮助。现在有些国家利用地球图像显示的不同色调、水系、地形形态和花纹特征编制全国地质图，有的还利用空间技术专门发展一个系统用于研究地球资源。空间技术使人类对地球资源的研究走上了新台阶。

不仅仅是地质学家需要从外层空间拍摄的地球资源照片，农学家、森林学家也需要大量地球照片，因为这些照片可以帮助监视土地和植被覆盖状况，使得有可能解决很多农场、森林和环境的保护问题。通过对空间拍摄的地球照片研究，专家们能确定植物种类，区别病害植物，估计牧场和谷物区生长状况，并发现旱灾、水灾、火灾对庄稼的影响。这些照片上载有土壤温度、湿度、力学构造和含盐量信息，因此能帮助找到适于耕种的区域。使用不同光谱的感光胶卷，从空间可拍摄到森林资源的精确照片，绘制森林分布图，确定枯木林、木材林、沼泽地和草原区的面积，这对制定林业计划、水土保持、调整水文过程、保持稳定的雨量以及影响小气候，都是很重要的。

这里具体介绍一下怎样利用卫星观测作物。要实现这一点，是要做很多工作的。首先，要在地面上对农作物进行观测研究，例如系统地研究不同作物的自然红外辐射并编出标志目录，利用不同的光谱特征区别诸如下列作物分类：沼泽水生植物、草原植物、平原旱性作物、半沙漠区耐寒作物。对每一类植物作出深入的光谱反射研究。第二，在地面上对农田地形、作物每周发生的变化、生长情况，一一细加观测，此外还要与以往资料比较，才能看出卫星观测作物整个生长过程的效能。地球作物观测卫星上装备的高分辨率、高灵敏度红外探测器，对地面作物进行连续观测和监视。为了可靠地鉴别作物生长特性，美国曾在全国范围内作过大面积作物估产实验，并把卫星所观测的结果与农田耕作的实产加以核对。现在，美国不但能有效地观测作物生长情况，也能够相当准确地预报农作物收成；不仅能预测本国作物收成，也能对世界谷物产量，主要是对苏联境域、加拿大、中国、印度、澳大利亚、阿根廷等国家的作物进行观测，并预报收成。

美国在苏福尔斯建立了一座最好的直接接收陆地卫星照片的地面站。该站从接收卫星照片到加工判读都是流水作业，并将收得的数据用计算机加以处理，之后，予以分类，按照不同用户需要及时地分送到用户手中。

><< 知识点

红外辐射

红外辐射又称红外线、红外热辐射等，是太阳光线中众多不可见光线中的一种，由德国科学家霍胥尔于 1800 年发现。他将太阳光用三棱镜分解开，在各种不同颜色的色带位置上放置了温度计，试图测量各种颜色的光的加热效应。结果发现，位于红光外侧的那支温度计升温最快。

因此，霍胥尔得到结论：太阳光谱中，红光的外侧必定存在看不见的光线，这就是红外线。也可以当做传输之媒界。在绝对零度（−273℃）以上的物体都辐射红外能量，所以红外辐射是红外测温技术的基础。

访问地外星球的空间探测器

FANGWEN DIWAIXINGQIU DE KONGJIAN TANCEQI

运载火箭的应用以及人造卫星的升空，对人类了解宇宙空间起到了很大的作用。但对于探测更高、更远的其他星球便显得无能为力了。但火箭以及卫星的发射毕竟为人类探测外星指明了一条道路。

地球文明访问外星的使者——空间探测器便在这种背景下应运而生了。空间探测器是一种无人航天器，装载有科学探测仪器，由运载火箭送入太空，飞近月球或行星进行近距离观测，做人造卫星进行长期观测，着陆进行实地考察，或采集样品进行研究分析。这对人类了解外星球具有很大的意义。

人类所发射的空间探测器已经为人类征服太空做出了很大的贡献，它们不但为人类的登月计划开辟了道路，而且已经遍访了太阳系各大行星及其卫星等。目前，人类发射的空间探测器正在向太阳系外更远的星球跋涉。我们有理由相信，空间探测器必定在人类征服太空的旅程中做出更大的贡献。

探测太阳系的自动航天器

宇宙是无限的。天文学把宇宙中的各种各样物体都称为天体。自古以来，人们一直在探索着天体的起源和变化，当然观测和研究的最多的是我们地球所在的太阳系。经过好多个世纪的知识积累，人类弄明白了我们太阳系的基本构造。有八大行星围绕太阳公转，按照它们离开太阳的距离，从近到远的次序是水星、金星、地球、火星、木星、土星、天王星、海王星。除水星和金星外，其他行星都有自己的卫星，它们围绕自己的行星运转，例如月亮是我们地球的天然卫星。过去，由于科学技术的限制，天文学家们只能用望远镜对各大行星及其卫星进行观测研究，因此对太阳系及其八大行星的了解还是很少很少的，特别是对遥远的行星以及被厚厚的大气包围着的行星，只能看到一个大概的形状。随着航天科学技术的发展，科学家们设计了各种各样的自动航天器，并利用各种先进的航天仪器对太阳系各大行星临近考察，30年来使人类对太阳系的知识迅猛增长。

太阳系八大行星

科学家们利用自动航天器对太阳系内天体的探测方式有飞越、环行、着陆、取样返回和载人登陆等多种方式。根据天体离开地球的远近，采用的探测方式也不同。月球是地球的卫星，是最近的一个天体，只有38万千米的距离，由易到难，从飞越、环行、着陆、取样返回到载人登陆的所有探测方式都用过，因此了解最全面；对地球的前后两个邻居金星和火星，采用了从飞越、环行到着陆三种方式进行了探测；其余行星到目前为止只是用飞越方式进行临近拍照和其他探测。

随着探测理论和技术的进步，自动航天器在行星探测过程中采用引力跳板原理，大大提高了航天器的飞行速度，缩短了到达行星探测区的时间。由于引力跳板作用的优越性，火箭只要具有比较低的初始速度，就可飞向遥远的太阳系空间，对行星进行探测。

对行星的探测，是从金星开始的。美国和苏联对金星发射的自动探测器最多，探测也最充分。这种做法是很自然的，因为它离地球最近，科学家们总希望由近及远地探测行星，在技术上也较易实现。另一个原因是有一种说法，金星与地球有亲缘关系，弄清金星，对研究地球也会有帮助。苏联在1961年首先向金星发射"金星1"号自动探测器，但在飞到离金星10万千米处时通信中断，就近探测金星未能成功。1962年8月27日，美国向金星发射"水手2"号自动探测器，同年12月4日，从距金星34600千米处掠过，世界上第一次实现了对金星的飞越式就近考察，拍摄到金星的照片。首次实现对金星表面软着陆的是苏联在1970年8月17日发射的"金星7"号，是在同年12月5日实现的。

对火星的探测，苏联曾多次发射火星探测器，并进入火星轨道，其中"火星3"号于1971年12月着陆火星表面。美国发射的"海盗1"号和"海盗2"号火星探测器在1976年7月和9月实现了软着陆，获得大量火星照片与信息。

美国发射的"水手10"号探测器，在1974年3月29日，于日心轨道上两次与水星相遇，获得水星第一批照片，并探测了水星磁场。美国发射的"先驱者11"号探测器和"旅行者1"号及"旅行者2"号探测器成功地探测了其他行星。

1985年9月11日，美国发射的"国际彗星探险者"在距地球7000万千米处与贾科比尼·津纳彗星相会。苏联发射的"韦加1"号、"韦加2"号探测器于1986年3月6日和3月9日分别进入哈雷彗星的包层。欧空局发射的乔托探测器于1986年3月14日在距哈雷彗星的彗核520～550千米地方通过。日本也发射2个探测器研究哈雷彗星。所有这些哈雷彗星探测器获得的众多信息使人类第一次对这颗彗星有了全面的认识。

知识点

宇　宙

在汉语中，"宇"和"宙"本来是两个单独的词语。"宇"的意思是上下四方，即所有的空间；"宙"的意思是古往今来，即所有的时间。所以"宇宙"就有"所有的时间和空间"的意思。西方早期对宇宙的理解则侧重于从混沌之中产生秩序。

从东西方对宇宙的理解中，我们不难看出中国古人强调的是宇宙空间和时间的整体性，而西方人强调的则是宇宙的秩序。实际上，空间与时间的整体性以及有序的秩序性都是宇宙的特点。随着天文学的产生和发展，人们对宇宙的认识逐步清晰起来。现在，人们一般认为：宇宙是由空间、时间、物质和能量所构成的统一体。一般理解的宇宙指我们所存在的一个时空连续系统，包括其间的所有物质、能量和事件。

金星探测器成绩斐然

金星比地球略小，半径为地球半径的 0.96 倍，质量为地球质量的 0.82 倍，密度为地球密度的 0.96 倍，是最类似地球的大行星。它绕太阳公转周期为 224.7 天，平均运行速度每秒 34.99 千米，最近时离开我们只有 4100 万千米，因此是距离地球最近的一颗行星。金星亮度仅次于太阳和月亮，在黎明前出现时，称为启明星，在黄昏出现时，称为长庚星，所以它又是人们最熟悉并能用肉眼观看到的天空中最明亮的一颗行星。金星也像地球一样自转，但速度极慢，自转一周需用 243 个地球日。更奇特的是其自转方向和地球等太阳系内的其他行星自转方向相反。在金星上望太阳，太阳从西方升起，落在东方。金星周围有一层浓密的大气，里面云雾弥漫，阻挡了人们的视线，科学家从地面用望远镜看不清金星的真面目。因此，在自动航天器应用微波雷达技术就近考察之前，人类对金星的了解很为肤浅。雷达不受云雾影响，通过发射脉冲信号探测，能获取金星表面信息并在自动航天器上形成清晰图像再传送回地球，科学家就能把金星表面看得一清二楚了。

自从 1961 年 2 月 12 日苏联首次发射金星探测器之后的 20 多年的时间里，苏、美两国先后发射了 30 个金星探测器，其中有 21 个成功地对金星表面进行了综合考察。有一批探测器进入轨道成为金星的人造卫星，并有若干个着陆舱对金星表面实现了软着陆，对金星的土壤、岩石样品和云层进行探测，向地球发回了大量宝贵的资料和照片，揭开了金星的许多奥秘，增进了人类对金星的认识。

考察确定，金星具有地球上的许多地质结构特点，它的地貌和地球一样复杂和多姿多彩。60% ~ 70% 的金星表面覆盖着极古老的玄武岩平原。金星上耸立着四大高原。最高的麦克斯韦尔峰高达 11600 米，比周围地区高出 3000 米，比地球上最高的珠穆朗玛峰高出近 1/2。

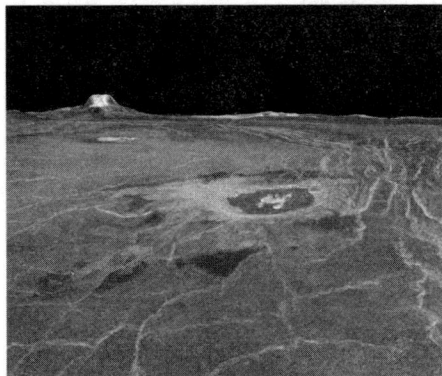

金星表面照片

金星大气主要由占其 97% 的二氧化碳和少量氦、氖、氮和水蒸气组成。金星 25 千米厚的二氧化碳大气层阻挡 75% 的金星热辐射，由此而产生的温室效应使金星表面温度达 470℃。大气压高达 90 个地球大气压。探测信息表明，金星和地球一样，不同区域有不同的大气压和温度，但都在 90 个大气压和 475℃上下浮动。

在金星大气中发现氩 40 和氩 56，并测出其准确比例为 200∶1，这说明金星和地球存在亲缘关系的说法是有道理的。对金星表面太阳光照强度，自动摄像机向地球传回的分辨率很高的图像显示，金星上很明亮，它本身是黄褐色的，布满多层浓云的天空是橙黄色的。

美国和苏联都用雷达测绘了金星表面地形图，测绘面积占金星表面积的 90%，可以说，对金星的一系列探测，已初步揭开了它的面纱。到目前为止，金星是人类了解最多的一颗大行星。

然而，科学家对金星的探测与研究，意犹未尽。他们认为获得的金星表面雷达图像清晰度、分辨率还不够理想，无法解答令科学家着迷的一些问题。例如，如果说金星和地球有亲缘关系，那么，它的表面是否也像地球一样分裂成移动的地壳板块呢？金星显然已成为无法控制的温室效应的牺牲品。那么，人类生存的地球是否也会面临金星同样的厄运？"先驱者"号、"金星"号探测器发现金星上可能曾经有过水。那么，金星上是否有河床和海滩？据苏联金星着陆舱传回地球的信息知道，金星经历的侵蚀远比地球少，因此我们有可能把金星作为研究对象来了解地球早期大陆形成的情况。

有鉴于上述种种问题，美国决定研制新一代金星探测器，即"麦哲伦"号金星探测器。它已于 1989 年 5 月由"亚特兰蒂斯"号航天飞机在太空施放，并在 1990 年 8 月 10 日和金星交会，进入了离金星表面最高点为 8028 千米、最低点为 249 千米的金星椭圆形轨道。它大约每 3 小时 9 分钟绕金星运行一周。每次飞过轨道的低点部分时，探测器将直径 3.6 米的碟形天线指向金星表面并发射雷达探测脉冲，摄取 16100 千米长、24 千米宽的区域的一幅幅金星表面照片。"麦哲伦"号金星探测器环绕金星飞行 2000 圈，用 243 个地球日（金星自转一周）完成对金星 90% 以上面积的测绘工作，它的雷达系统将透过云层揭开金星的面纱，获得迄今为止最详细的图像，其分辨率足以发现金星上一个足球场那样大小的物体。

现在"麦哲伦"号探测器已经测绘完 90% 以上的金星表面积，发回的照片表明，金星存在着活火山熔岩流、陨石坑、沙丘、高耸的山岭和巨大的峡谷。科学家通过它的探测要对金星进行天文地球动力学研究，例如板块构造以及研究与地球相关的问题。对金星资料的进一步研究与分析正在进行中，不久科学家们将会向人们提供更多的金星研究成果。

➡ 知识点

温室效应

温室效应，又称"花房效应"，是大气保温效应的俗称。大气能使太阳短波辐射到达行星表面，但行星表面向外放出的长波热辐射线却被大气吸收，这样就使行星表面与低层大气温度增高。因其作用类似于人类栽培农作物的温室，故名温室效应。

温室效应在地球上尤其明显。自工业革命以来，人类向大气中排入的二氧化碳等吸热性强的温室气体逐年增加，大气的温室效应也随之增强，已引起全球气候变暖等一系列严重问题，引起了全世界各国的关注。

寻觅火星生命的空间探测器

　　火星也是一颗类似地球的行星，比地球小。它的半径为地球的 0.53 倍，质量为地球的 0.11 倍，密度为地球的 0.71 倍。它绕太阳公转的周期为 687 天，平均运行速度每秒 24.11 千米，离开我们约 9000 万千米，所以是地球的另一个近邻。火星和地球一样也自转且速度和地球的速度几乎相等，自转一周为 24.6 小时，因此火星上一天和地球上一天极相似。多少年来，火星一直是人类心目中最富传奇色彩的行星。在火星上是否有过生命存在是科学家们不断猜测和争论的问题。

　　火星上确实存在着大气，虽然和地球相比，它的大气层很稀薄。但那里的气候一度比较暖和，有过水及河流。俗话说："水就是生命。"因此现在还很难说火星上没有生命。在火星表面那些具有足够热量的地方，生命有可能延续下来。总之，我们对火星了解很少，猜测、争论还缺乏有力证据。发射自动航天器对火星进行探测，揭开火星奥秘是解决人们对它争论的唯一办法。

　　美、苏两国为探索火星都作出了举世瞩目的努力。1971 年 5 月 30 日，美国成功发射了"水手 9"号探测器，并在同年的 11 月 13 日成为美国第一颗人造火星卫星。"水手 9"号探测器绕火星飞行时拍摄了 7000 张照片并作了大批光谱测量。这些照片证实火星表面呈现许多陨石坑，也发现若干火山。火山之一奥林匹斯山高为 26000 米，约为珠穆朗玛峰高度的 3 倍。科学家从这些高分辨率照片上还发现火星表面的一些地区，有一些类似四角金字塔的"建筑群"，在火星的南极地区专家们又发现几何构图十分方正的结构体，这不禁提出一个扣人心弦的问题：火星上是否有高级智慧生物生活过？有些研究火星照片的专家提出这些结构体是人工建造的大胆设想。另有一部分研究人员面对火星照片上这些令人难以置信的"建筑群"，作出了非人工建造的结论。他们认为这些结构体都是自然形成的物体。科学家们对火星的奥秘继续进行着猜测和争论。

　　1975 年 8 月 20 日和 9 月 9 日，美国又先后发射了"海盗 1"号和"海盗 2"号自动探测飞船，并分别在 1976 年 6 月 19 日和 8 月 7 日进入了火星轨道。专门用于研究火星生命的这两个探测飞船的着陆舱则分别在同年 7 月 20 日和

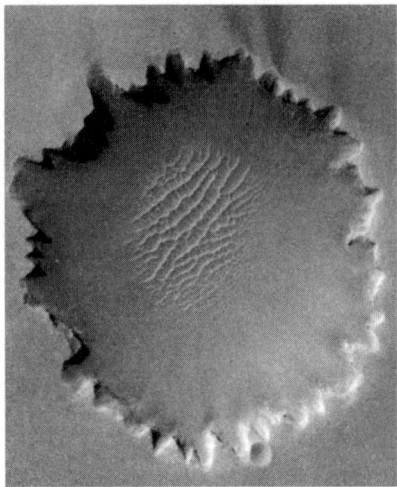

火星表面照片

9月3日在火星表面实现了软着陆。着陆舱从火星表面向地球传送了它拍摄的火星图像，自动实验室化验了火星土壤。母船在火星轨道上对火星进行观测，绘制火星表面地形图。"海盗1"号探测器也拍摄到了类似埃及金字塔的"废墟"。在"金字塔城"东侧9000米处竟还发现了形状类似于人类的石质结构体以及奇特的黑色圈形构成体。

1971年5月19日，苏联发射"火星2"号自动探测飞船，同年11月27日成为苏联的第一颗人造火星卫星。紧接着，1971年5月28日，苏联又发射"火星3"号探测飞船，其着陆舱从探测飞船本体分离后于12月2日在火星表面软着陆。其后，苏联又多次发射火星探测器，其中"火星5"号、"火星6"号和"火星7"号进入火星轨道后，拍摄了大量照片，获取了火星大气资料。

美国的一大批科学家对"水手9"号、"海盗1"号和"海盗2"号等探测飞船拍摄的火星表面照片和收集的土壤化验数据进行了多年研究后认为：在火星的两极有水，在其表面也有水，离表面0.8千米深处可能还有液态水。火星的水比人们曾估计的要多得多。探测到的信息还确定，在火星上发现了尘旋风，高达0.5～7英里，这说明太阳足以使火星大气变暖并显著地升温。

对于火星上是否存在过生命，"海盗"号探测飞船获得的信息使科学家得出了否定的结论，这未免使人有些失望。

苏联的专家对美国科学家关于火星上没有生命存在的论点提出怀疑。第一，他们认为探测飞船着陆舱着陆点是两个偶然点，在它的表面很难发现什么。第二，探测方法本身不完善。举例说，利用单个仪器也不可能在地球南极就地发现生物活动。如果把标本取回放在温暖的地方，给微生物提供大量生长条件，可能会发现生物活动。现在知道，尽管地球南极的严酷气候条件十分接近火星，但那里仍然蕴藏着生命。所以苏联专家认为目前还不能排除在火星上发现某种生命原始形态的可能性。

不论是美国还是俄罗斯科学家，下一步的目标是把火星标本带回地球，利用一切最完善的科学手段对它进行研究。"海盗"号探测飞船所绘制的火星表面详图，将为今后发射载人火星飞船选择最好的着陆点。

火星有两颗小卫星，即火卫1和火卫2，它们是1877年首次被发现的。1971年"水手"9号探测飞船成功拍摄了火卫1的照片。"海盗"号探测飞船又分别从89千米和23千米距离外给火卫1和火卫2拍了照片。两颗卫星都像是患病的土豆，奇特的形状可能是由于他们被陨石轰击所造成的。火卫1直径22千米，距火星表面7570千米，它像被咬过一口，这个缺口就是斯蒂克尼火山口。火山口直径11千米，占据了半个火卫1。火卫2直径只有11千米，距火星表面20700千米。火卫1和火卫2外形都呈椭圆形，长轴永远指向火星，为观察火星提供了极好的姿态。它们的轨道接近火星赤道，近似整圆。火卫1离火星这样近，绕火星一周只需要7小时39分钟。倘若站在火星上，就会看到这个"月亮"从西边升起，以4.5小时的时间迅速地飞越天空，其形状不断地变化着，在东边下山后6.5小时又匆匆从西边出现。火卫1和火卫2的引力很小，如果一个人在地球上能跳起15厘米高，则他在火卫1上能跳起244米高，而在火卫2上能跳457米高。

火卫1表面覆盖着一层粉末，从太阳系诞生以来就是如此。火卫1的年龄、起源和物质以及岩石的特性将为揭开太古年代的秘密提供线索。因为它类似于碳质球粒状陨石类小行星。苏联发射的"福波斯"号火卫1探测器，虽然通信中断，但在通信中断前也向地面发回了一组火卫1的照片。专家们从照片得知，火卫1表面的物体近似于一种含碳球陨石且表面成分很不均匀，其矿物层中含水量比设想的要少。火卫1白天温度约27摄氏度。

有的科学家认为，火卫1可以充当人类在火星上着陆的转运站，因此火卫1已经引起人们浓厚的兴趣。有人猜测，除了月球以外，人类将要攀登的天体首先可能不是火星，而是火星的卫星火卫1或火卫2。

拜访木星的人间来客

木星是一个很远的天体，离地球约6.3亿千米，但很明亮，亮度仅次于金星，用肉眼可看到。在古代，天文学家就发现了木星。

木星表面照片

已知木星自转周期只有约 9 小时 50 分钟，比地球自转周期快 2.5 倍，但它绕太阳公转周期是 11.86 年，平均运行速度每秒 13.05 千米。

木星周围有厚厚的稠密大气，表面常年呈现数条色彩斑斓的彩带和不断变化的红色斑纹区。它是太阳系中最大的一颗行星，体积比地球大 1300 多倍，质量相当于 318 个地球，几乎等于太阳系其他行星质量总和的 2.5 倍。从质量、成分和平均密度来说，木星和地球以及水星、金星、火星等类地行星均十分不同。根据以前获得的资料，木星不仅在成分上与太阳颇相似，而且在结构上也有相似之处。科学家们设想，在 46 亿年前，太阳云气体尘埃凝聚成太阳系时，99.86% 的物质组成太阳，成为太阳系的中心天体，剩下的大部分组成木星，其他部分组成另外的行星和各种小天体。木星拥有 16 颗卫星，它和它的卫星构成的木星系，就像一个小型的太阳系，科学家又推测木星系的形成过程和太阳系的形成过程类似。

如果在形成太阳系时，最初云团中各成分比例均匀的话，由于木星质量特别大，氢气等较轻元素不易逃出它的引力场。因此木星的元素成分与 46 亿年前形成时应大致相同。从这个观点出发，人们制定了一系列木星探测计划，希望通过对木星的就近探测，直接测定木星大气中各种气体成分及其特性。搞清楚氢和氦在其大气中所占的比例，对研究太阳系的起源和演变会有极大帮助。

1973 年 4 月 6 日，美国发射"先驱者 11"号探测飞船，执行飞掠木星（1974 年 12 月）和土星（1979 年）的使命。1977 年 8 月 20 日发射了"旅行者 2"号探测飞船，半月后又发射了"旅行者 1"号探测飞船。后发射的"旅行者 1"号于 1979 年 3 月 5 日先行到达木星，同年 7 月 9 日"旅行者 2"号也到达木星。

"旅行者 1"号从距木星云顶 286000 千米上空飞越，提供了木星系统的新信息。木星的大气是复杂的，由氢和氦组成的稠密大气层之上是色彩斑斓的云层；木星大气的运动比预计的更加汹涌，似乎受到云顶底下深处某种力的控制；足以容纳几个地球的大红斑，是一个巨大的大气风暴，每隔6天沿逆时针方向转动一次；已发现木星周围有一个29～30千米厚的薄环。最大的意外是，在木卫1这个木星卫星上至少有9座活火山，有些火山的火焰高达280千米。其他已调查的木星卫星包括木卫2、木卫3和木卫4。木卫3的直径达5200千米，比土星卫星土卫6大，是太阳系内最大的行星卫星。

"旅行者2"号从距木星云顶643000千米之内飞越木星，探测了条纹状的云、红斑、"白卵"、木星环（"旅行者1"号已发现的）和木卫

木卫1～木卫4

1、木卫2、木卫4、木卫3和木卫5。另外，"旅行者1"号和"旅行者2"号还发现3颗新的木星卫星、极光和像地球上特大闪电一样的云顶闪电。

木星的密度很低，只是地球密度的0.24倍。对木星的就近探测证实它的主要成分是氢和氦。它是一颗由液态氢构成的巨大星球，除了有一个很小、可能是熔融的岩核以外，没有探测到任何的固体表面。

木星大气中82%是氢，17%是氦，其他成分仅占1%。这层大气层厚度约965千米。在木星云顶层之下965千米处，气态氢在1999摄氏度的温度和巨大的压力下，变成了液态氢。大约在25000千米的深处，液态氢在11000摄氏度的温度和300万个大气压下，变成了固态金属氢。木星上的氢和氦挥发得很少，基本上保持了原始星云的化学组成，内部是处在高温高压下的液态氢。

虽然"先驱者"号和"旅行者"号姐妹探测飞船成功地拍摄了有关木星及其卫星外貌和大气层的大量清晰照片，把人类对木星的认识向前推进了一大步，但是由于木星的云顶比较厚，无法弄清大气下层气体的状态，无从了解大气层内部各种状态参数随高度的变化，至今仍有许多奇特的现象无法得到合理的解释。为此，美国决定并设计了"伽利略"号探测飞船，用它对木星系统进行更详细地就近考察和科学探测，以进一步揭开木星世界之谜。

"伽利略"号木星探测飞船总重 2550 千克,由轨道器和大气探测器两部分组成。前者在木星的椭圆轨道上执行探测任务,后者深入木星大气层深处探测大气层的成分和物理特性。轨道器备有多种光学摄像装置、一个小型天线,用来向地球转发大气探测器发送来的数据。大气探测器总重为 345 千克,由制动防热罩和球形仪器舱组成。防热罩是个锥角等于 120 度的钝头圆锥壳体,为防御进入大气层时的气动加热,表面覆盖一层很厚的碳——碳烧蚀防热层。防热罩重量占大气探测器重量的一半。球形仪器舱除了装备大气组分探测计、质谱仪、氦气浓度计、测云计、辐射计、高能粒子探测计等多种探测仪器外,还有降落伞系统、无线电发射装置和少量能源。

"伽利略"号木星探测飞船本预备在 1986 年 5 月由航天飞机施放。由于"挑战者"号航天飞机在 1986 年 1 月失事而未能按计划执行。

直到 1989 年 10 月 18 日,探测飞船才发送上天。其飞行路线是独特的:先在 1990 年 2 月飞越并探测金星,从金星获得额外推力,随后于 1990 年 12 月飞近地球,进行照相和测量。按计划,它在 1992 年 12 月再次飞越地球之前和之后,各遇上一颗小行星,借助引力跳板,最后踏上飞向木星的轨道,全部行程长达 6 年以上。在环绕木星运行时,"伽利略"号将对它进行 20 个月的观测,同时探测飞船还将利用木星卫星的引力作用做一系列环绕飞行以考察木星的其余卫星。

1995 年 12 月 7 日,探测器进入了木星的大气,成功地发回了信号,并在降落了 57 分钟之后,被木星发出的热力烧毁。但这 57 分钟大大地增加了我们对木星的大气和气候的了解。

"伽利略"号对研究木星的卫星也作出了很大的贡献。在"伽利略"号到达木星之前,人们一共发现了 16 颗木星的卫星。"伽利略"号到达后又发现了多个卫星。现在,这个数字已经上升到了 63 个。

由于受到辐射的破坏,"伽利略"号的摄影装置于 2002 年 1 月 17 日停止运作。由于工程师能够修复磁带的资料,因此它能在坠毁以前继续传送资料回地球。

从美国"伽利略"号探测器传回的最新的资料表明,在木卫 2 的表层下可能有海洋。这一新证据再次为科学家们早先根据资料作出的"木卫 2 上有水"的假设添加了重量级砝码,并引起了生物学家对木卫 2 上是否存在生命的争论。

"伽利略"号探测器在距木卫2上空351千米的地方飞掠而过。令人惊讶的是，木卫2的地磁北极点的地理位置在变化，并且移动得很频繁，几乎每5.5小时就移动一定距离。

这个结果让许多科学家困惑：究竟是什么力量驱使木卫2的地磁北极点不断运动呢？"我认为这些发现告诉我们，在木卫2的地表之下有一个液体水层。"空间科学家玛格丽特·基维尔森说。按照科学家的解释，如果在木卫2的地表之下有一个液体传导层——诸如盐水层——那将可以最为完满地解释磁性极点的不断变迁。基维尔森据此表示："这些新发现对于木卫2上存在海洋的设想非常具有说服力。"

在伽利略号的任务结束后，美国太空总署的下一个探测器名为木星"冰月"轨道器，现在处于草拟阶段。

探察土星的空间探测器

土星是一颗类似木星的行星，主要成分也是氢和氦，由于氢、氦挥发得少，它基本上也保持了原始星云的化学组成。土星最引人注目的特征是它的环系。这些环从离土星约72000千米延伸到137000千米的距离，形成一个非常薄的盘，厚度只有几千米。有着漂亮光环的土星，是太阳系中最美丽的一颗行星。土星距离地球约12.7亿千米，非常遥远；它绕太阳的公转周期是29.46年，平均运行速度每秒9.64千米；它是太阳系中第二颗大行星，体积是地球的755倍，质量是地球的95倍，可平均密度只是地球的0.12倍，比木星还小。土星拥有10颗以上的卫星，因此自成一个系统，其中土卫6和地球一样也有空气，是太阳系唯一有大气的卫星，受到

土　星

科学家的特别注目。该土卫6是在1665年由荷兰天文学家、物理学家惠更斯

发现的。探测土星和土卫6，对了解和掌握太阳系的演变有重要意义。

美国发射的"先驱者11"号和"旅行者1"号、"旅行者2"号等探测飞船相继飞临土星系统进行就近考察，传来许多新信息。

1979年9月1日，"先驱者11"号从距土星云顶20200千米以内飞越，对土星拍照10天，测量了这个带光环的行星，发现了2个新的外环和直径约400千米的土星的第11颗卫星，该卫星靠近土星环的外缘。这次探测还证实土星有磁场、磁层和辐射带。

1980年11月13日凌晨，"旅行者1"号探测飞船在距土星云顶124237千米处掠过土星，飞船摄影系统从1980年8月开机，到1980年12月19日关机，共向地球发回18000张关于土星及其光环和卫星的彩色照片以及各种数据。从这些照片和数据中，科学家们了解到土星绚丽多彩的光环比以前认为的更复杂，它大大超过人们原先看到的6条，而有成百上千条环，形成一个光环群。这样密集繁多的光环，大小不等，形状不一，互不连接，形成一组环形彩带。在这些光环下面，还发现2条狭窄的短环，像发辫似地编结在一起，一股套一股，可能是由于电场或磁场对光环作用的结果。

1981年8月25日，"旅行者2"号从土星最近点飞过，天文学家从它发回的照片中发现，土星光环一环套一环，犹如唱片中的纹道。

根据探测材料，科学家认为土星的光环是由无数大小不等的砾石微粒组成的。这些砾石微粒直径从几厘米到大约9米之间，以很高速度绕土星运转，这一奇特现象究竟如何形成还是一个谜，但是可以认为各环可能是在不同时期形成的。

在发回的照片上，还发现了土星上的斑点、晕圈、旋涡，并随风移动。土星表面新发现一个橘红色的卵形区，其宽度和地球直径差不多。科学家认为可能是一次巨大的飓风造成的。土星上最大风速出现的区域是在环绕着它的光环彩带中心，而彩带边缘几乎无风。

"旅行者"号探测飞船还发现6个新的土星卫星，有一些是以前从未发现的，另一些虽曾报道过，但没有证实。特写观测照片显示土星的一些较小卫星是由"干冰"组成；有些卫星上存在亿万年来陨星撞击坑汇成的斑点；有些卫星表面比较平坦，说明较年轻。

"旅行者1"号探测飞船曾在离土卫6约4000千米身旁飞越，因为它是被探测的重要目标。土卫 6 的直径不大于 5120 千米，并没有过去认为的直径 5760 千米那么大，因此不是太阳系最大卫星，但它是太阳系内唯一有大气的卫星，大气层厚达 2700 千米。大气层大部分是由氮气组成，而不像以前认为的那样是甲烷。氮约占 98%，甲烷只占 1%，其余还有少量乙烷、乙烯、乙炔和氢等。由于土卫 6 上温度很低，氮在低温下凝成液氮，因而在土卫 6 表面上有许多液氮湖。虽然土卫 6 上有孕育生命的氢氰酸有机分子，但由于温度在 −190℃ ~ −201℃，显然不可能形成有生命的东西。

靠近土卫 6 表面的大气压力比地球大气压力高 50%，表面至少由 280 千米厚的浓雾遮盖着。土卫 6 每 16 天绕土星运行一圈。有人幻想，如果未来的宇宙旅行家有机会来到土卫 6 上，将会欣赏到独特的景观：土星经常出现在天空中，像月亮在地球上空那样，周期性地变换着它的容貌，从圆到缺，从新月到满月，再加上那细微的光环，更是多姿多态，无限风光。

根据探测资料，美国和法国科学家有一个重大发现，就是土卫 6 上有反温室效应。由土卫 6 高层大气中一层厚的有机烟雾造成反温室效应，使土卫 6 的表面温度降低 8.9 摄氏度。但是土卫 6 的温室效应使其表面温度增加 21.1 摄氏度。科学家认为，土卫 6 的温室效应和反温室效应是同地球比较的极好的模型，研究土卫 6 可能会帮助我们搞清地球变暖或变冷的问题。

为进一步探测土卫 6，1988 年 11 月 25 日，欧空局宣布将于 1994 年 4 月由美国宇航局发射一个探测器，并在 2000 年到达土星系统。这个探测器以"惠更斯"命名的着陆器进入土卫 6 大气后，速度减慢，然后打开降落伞，从距土卫 6 表面 180 千米处缓缓下降，在两三个小时内降到土卫 6 表面，其冲击力相当缓和，足以使它在失效前对土卫 6 表面样品进行分析。探测器本身绕土星飞行，充当无线电中继站，向地面转播由着陆器发来的土卫 6 样品分析数据。

◆▶▶▶ 知识点

原始星云

星云是由星际空间的气体和尘埃结合成的云雾状天体。星云里的物质密度是很低的，若拿地球上的标准来衡量的话，有些地方是真空的。可是星云的体积十分庞大，常常方圆达几十光年。

德国哲学家康德和法国数学家拉普拉斯认为太阳系是由一个庞大的旋转着的原始星云形成的。原始星云在自身引力作用下不断收缩，星云体中的大部分物质聚集成质量很大的原始太阳。与此同时，环绕在原始太阳周围的稀疏物质微粒旋转的加快，便向原始太阳的赤道面集中，密度逐渐增大，在物质微粒间相互碰撞和吸引的作用下渐渐形成团块，大团块再吸引小团块就形成了行星。行星周围的物质按同样的过程形成了卫星。这就是康德—拉普拉斯星云说。

探测器揭示天王星的面貌

天王星，绕太阳公转周期84.01年，平均运行速度每秒6.8千米。它是太阳系内的第三颗大行星，体积是地球的52倍，质量是地球的14.5倍，平均密度小，是地球的0.28倍，从体积、质量和平均密度比较，它有点类似木星，因此把它归入类木行星。科学家们据此推测天王星也没有坚实的固体外壳，星体完全由气体组成，主要成分是氢和氮，还含少量的氨和甲烷。

天王星距地球约28亿千米，大约相当于地球到土星的距离的2倍多。因为它太遥远，人类对它知道得太少了。然而，它一系列奇怪的天文物理现象和固有的内部构造激起了科学家对它就近观察的强烈愿望。据目前观察，它的自转轴差不多躺在公转轨道平面内，所以当它的一个极几乎垂直地接受日光照射时，另一个极却落在漫长的黑夜里，只有在特定的一二十年时间内才能观察到它的赤道区和扁球形状。

目前从地面望远镜观察到天王星有9条淡淡的光环，并拥有5颗卫星。令人奇怪的是和其他行星卫星不一样，这些卫星有的左旋，有的右旋。据科学家们推测，天王星犹如当年逐渐冷却和凝聚过程中的地球，就近考察天王星会获得珍贵资料与信息，有利于探索太阳系的起源和进化。

1986年1月24日，风尘仆仆的"旅行者2"号探测飞船飞抵天王星近旁。飞船在距天王星中心107020千米处，以每小时67820千米的速度飞越，对天王星进行了一系列科学探测和拍摄照片,获得大量科学资料。

飞船科学探测确认,天王星被汪洋大海所覆盖,其深度达8000千米,海水温度高达几千摄氏度。由于洋面上压着沉重的大气,因此超高温的海水未能沸腾。反过来,又恰恰由于这种超高温,才阻止了高压把海水"压凝"。天王星有极其丰富的大气,据探测资料,其大气层厚达几千英里,大气的主要成分,确实是以前认为的那样是氢,其次是氦,占大气的10%~15%,其余为少量其他气体。在天王星大气的云层中发现有向外喷射的气流,这种气流有毒。大气中还有猛烈的风暴,风速每小时达1600千米。此外,还发现天王星的天空中有"电辉光",这在"旅行者"探测木星和土星时就曾有所发现。科学家们认为,"电辉光"可能和氢的存在有关。探测确定天王星自转周期为16小时58分钟,正负18分钟,而不是原来地面观测确认的23小时。

天王星的温度变化与地球大不相同。在地球上温度高低与阳光的直射、斜射关系甚大,而在天王星则不然。阳光普照的南极反而比阴暗的北极温度要低。南极太阳照耀下高层大气温度为1800摄氏度,黑暗的北极高层大气温度竟达2400摄氏度。探测结果还表明,天王星是由彗星构成的,这点不同于其他的近邻土星和木星,后两颗星都是由旋转的星云组成的。这一认识也和原来对天王星的看法不同。据探测资料,天王星的大气在彗星中也同样存在。科学家们分析,目前远离太阳的彗星,原本在天王星和海王星轨道上绕太阳运行,由于在引力作用下飞离轨道,最后在遥远的地方形成云雾;而留在天王星、海王星轨道上的数百万个彗星相结合便形成了天王星和海王星。构成天王星的彗星本来是巨大的冰块,只是在行星形成时,由于受高压和冲击的强力作用产生了高温,于是巨大的冰球便成了高温的水球了。

"旅行者2"号探测还揭开了天王星的两个谜。第一个谜,天王星虽没有坚实的固体外壳,是厚密大气包围下的超高温水球,但它的内核是和地球差不多大小的熔化岩心,其构成和地球大不相同。地球是以铁石为主,故比重比天王星内核大得多。第二个谜,天王星也有磁场,不过强度较弱。过去认为天王星没有磁场,因而被认为是一个谜。天王星磁场扭曲而毫无规律,科学家认为,这可能是由巨大的海洋和岩心缓缓扰动而引起的。

探测天王星光环也有新发现,光环总数不是地面观测到的9个,而是20个左右。光环之间有环缝,环缝中有颗粒很小的填充物。从摄下的彩色照片看，天王星的光环颜色不尽一样，有红色的，也有蓝色的，但是整个来说，光环均较暗。

对天王星的卫星也有新发现，在原来已知的 5 颗卫星基础上又发现 10 颗卫星。不过它们都很小，直径在 30～70 千米之间。飞船对原来的 5 颗卫星进行了测定，天卫 1、天卫 2、天卫 3、天卫 4、天卫 5 的直径现测定分别为1180 千米、1220 千米、1620 千米、1570 千米和 480 千米。这些卫星中最令科学家惊讶的是天卫 5。"旅行者"2 号飞船在距天卫 518000 千米处飞过，共拍照片 16 秒。这些照片表明，天卫 5 不是标准的圆球星体，它的地形极其复杂，至少有 10 种不同地貌。它拥有高耸入云的山峰、幽深的峡谷、又长又深的裂缝、横亘的大山梁、令人生畏的悬崖、错落分布的环形山以及"流淌"着的冰川等。天卫 5 地形如此复杂丰富多彩，简直可以把它看成太阳系内卫星的总代表。望着天卫 5 的照片，科学家惊叹的是，这种千奇百怪的地形是怎样形成的呢？

探测飞船拜访海王星

海王星是在 1846 年发现的，它绕太阳公转一周需要 164.79 年，平均运行速度每秒 5.45 千米。自从发现它到现在，它才绕太阳运行一周呢！海王星也是一庞然大物，在太阳系内排在木星、土星、天王星之后居第四位，也是一颗类木行星。它的体积是地球的 44 倍，质量是地球的 17 倍，平均密度是地球的 0.41 倍，比其他类木行星大。海王星处在太阳系的边缘，离我们有 45亿千米之遥，历来对它知之甚少，在地面上用望远镜观察它也不过是两个亮点。由于距离实在太远，用探测飞船对它进行探测也是一个棘手问题。

"旅行者 2"号探测飞船在太空翱翔了 12 年，行程 72 亿千米，终于在1989 年 8 月 25 日迫近了海王星，不负科学家们所望，实现了对海王星的近距离考察，向地面发回 6000 多张海王星及其卫星的照片，揭开了这颗神秘莫测的蓝色行星的面纱。飞船抵达海王星的最近距离只有 4827 千米。在考察相会期间，先后发现了海王星的 6 颗新卫星，加上早先在地球上通过计算发现的海卫 1 和海卫 2，使海王星的卫星总数达到 8 颗。

探测飞船还发现海王星有 5 条光环，其中 2 条明亮、3 条暗淡。

美国科学家认为，海王星光环是由彗星碎片构成：在海王星最外层的一条光环中，有 6～8 个冰体，其中最大的有 10～20 千米宽。海王星南极周围有两条宽约 4345 千米的巨型黑色风云带和一块面积有地球那样大的风暴形成的大黑斑，类似木星的大红斑。这块大黑斑沿自身的中心轴逆时针方向旋转，每转一周需 10 天。海王星周围有一个被辐射带包围着的磁场，而且大部分地方有像地球南北极光一样的极光。海王星磁极对海王星旋转轴倾斜 50 度。

科学家们认为，这可以解释为什么极光在该行星的大部分地方出现。海王星的大气动荡不定，大气层中含有由冰冻的甲烷构成的白云和一股像地球那样大面积的气旋，跟在气旋后面的是时速为 640 千米的飓风式风暴。

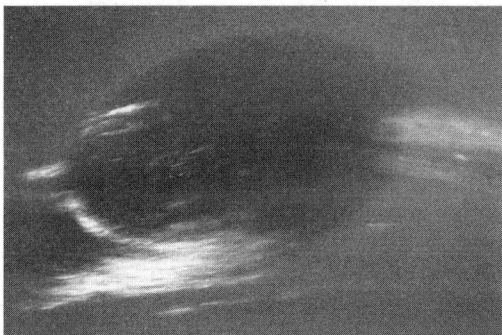

地面人员在处理飞船发回

海王星表面照片

的新数据时，还惊奇地发现，海王星上空有与地球大城市上空一样的烟雾。科学家认为这是太阳光照射海王星大气中含量高的甲烷形成的。这种光化烟雾在海王星同温层底部形成了一层 150 千米厚的冰层。

"旅行者 2"号对海王星的卫星海卫 1 的探测确认，它是太阳系中最冷的一个天体，表面温度为零下 240 摄氏度，它沿海王星自转方向逆行。对它有趣的逆行，天文学家根据探测资料研究后认为，它曾是一颗绕太阳运行的彗星，在某个时候与海王星的一颗卫星碰撞后，进入绕海王星运行轨道。

科学家根据探测信息还发现海卫 1 上有 3 座冰火山，而且有的还在活动，曾喷出过冰冻的甲烷或其他冰类物质。有时它喷出的氮冰微粒高达 32 千米。这一发现使海卫 1 成为太阳系中存在活火山的第三个天体，其他两个是地球和木卫 1。科学家认为，海卫 1 冰火山喷发是由海卫 1 内部升高的液氮压力引起的。探测还发现海卫 1 上到处有断层、山脊、低悬岩和各种冰结构，这表明某个时期海卫 1 上可能发生过地震。海卫 1 上空有一层稀薄的氮气组成的大气层，海卫 1 上可能存在液氮海洋和冰湖。所有这些证明，海卫 1 可能有过长达 10 亿年的活跃的地质活动期。飞船对海卫 1 的考察使科学家们兴奋不已，人们对海卫 1 的兴趣甚至超过了海王星本身。

知识点

光化烟雾

光化烟雾又称"光化学污染"，是大气中因光化学反应而形成的有害混合烟雾。大气中的有机物和氮氧化物等污染物，在阳光作用下形成的一种有害混合烟雾。光化烟雾的形成过程十分复杂，无机和有机化合物都参加了反应，无机化合物为数不多，无机化合物的反应已经明确，有机化合物为数众多，反应相当复杂。

光化烟雾有特殊气味、刺激眼睛、伤害植物和使大气能见度降低。刺激眼睛是光化烟雾的明显征象，刺激的大小则反映光化烟雾的强弱。1944 年美国洛杉矶首次发生光化烟雾，此后洛杉矶、东京、墨西哥城、兰州、上海及其他许多汽车多、污染重的城市，都曾出现过。

人类对太阳系其他成员的探测

水星，在太阳系八大行星中是离太阳最近的，也是最小的一颗行星，其半径为地球半径的 0.38 倍，质量是地球的 0.05 倍，比地球轻许多，然而密度是地球的 0.99 倍，只略小一些。

在"水手 10"号探测飞船 1974 年就近探测水星之前，地面观察者得出水星绕它的轴以 88 天为周期自转的结论，这个周期和它绕太阳的公转周期完全相等，因此水星总是以同一面向太阳，就好像月球朝向地球那样。后来证明这个说法是完全错了。现已弄清楚，水星自转周期和公转周期并不相同。自转周期为 58.646 天，为 88 天公转周期的 2/3，因此水星不可能始终用同一面对着太阳。1973 年 11 月 3 日，美国发射的"水手 10"号探测飞船，在 1974 年 3 月 29 日于日心轨道上两次与水星相遇。飞船离水星表面最近只有 320 千米，向地球发回了 6000 多张照片，使人们第一次知道水星表面布满了环形山，就像火星和月球上的一样。水星上面残存着极稀薄的大气，终年是 400 摄氏度的高温，探测发现水星也有磁场。

除了大行星和它们的卫星外，还有几十亿颗较小的太阳系成员。即使其中最大的，质量也只有地球的万分之一。

过去科学家根据计算认为，在火星和木星之间还应有一颗行星存在。实际上并没有发现这颗

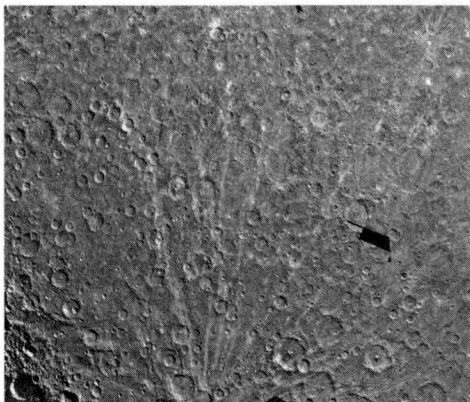

水星表面照片

行星，却发现了大量直径在 0.1～500 千米范围内的小行星带，已算出了将近 2000 颗小行星的轨道，4 颗最亮的小行星谷神星、智神星、灶神星和婚神星的直径已经测定，分别大约为 1070 千米、590 千米、550 千米和 240 千米。半径大于 0.1 千米的所有小行星的总质量约小于地球质量的千分之一。科学家不可能用探测飞船对小行星进行专门探测，但是一些探测飞船顺路和小行星相遇时，对它们中的一些也进行了探测，发现有一些小行星具有极丰富的矿藏，有的人提出要对小行星进行矿产开采，这是将来很可能要做的事情。

知识点

从"九大行星"到"八大行星"

历史上曾流行"九大行星"的说法，即水星、金星、地球、火星、木星、土星、天王星、海王星和冥王星，现在为什么又成了"八大行星"了呢？

原来，在 2006 年 8 月 24 日于布拉格举行的第 26 界国际天文联会中通过的第 5 号决议中，冥王星被划为矮行星，并命名为小行星 134340 号，从太阳系 9 九大行星中被除名。所以现在太阳系只有 8 颗行星。也就是说，从 2006 年 8 月 24 日 11 时起，太阳系只有 8 颗大行星，即：水星、金星、地球、火星、木星、土星、天王星和海王星。

人类对哈雷彗星的探测

和小行星一样，彗星也是太阳系的成员。除了离太阳很远以外，彗星的外表不像小行星。它的形状生得特异，头上尖尖，尾部散开，很像一把扫帚，所以民间称其为"扫帚星"。实际上，彗星分为彗核、彗发和彗尾三个部分。彗核由比较密集的固体质点组成，周围云雾状的光辉是彗发。彗核和彗发合称彗头，后面长长的尾巴叫彗尾。

太阳系中有很多彗星，其中哈雷彗星最为著名，它的周期是76年。它的椭圆轨道非常非常扁，太阳处在这个极扁椭圆轨道一头的焦点上。每当彗星接近太阳时，它迅速增强亮度；在远离太阳而去的大部分时间里，人们是看不到它的。哈雷彗星第一次是在1910年通过太阳时被观测到的，因此1986年它再次接近太阳时，各国科学家纷纷出动，根据各自的设备条件，组织力量抓住这个机会进行观测。

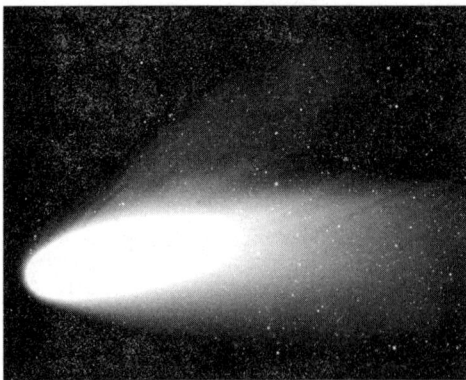

哈雷彗星

苏联发射的"韦加1"号和"韦加2"号，西欧发射的"乔托"、日本发射的"彗星"号及"先驱"号等五艘探测飞船从不同方面对哈雷彗星进行了就近探测。1986年10月，世界各国500多名专家讨论了收集到的科学证据的重要意义。现在这颗著名彗星的彗核形状、结构，彗星与太阳风之间的相互作用等问题初步揭晓，深入的信息资料研究还要进行若干年。

"韦加1"号、"韦加2"号在完成了探测金星计划之后，于1986年3月6日和3月9日分别进入了哈雷彗星包层，并且在距彗核8900千米和8200千米处飞越彗尾，第一次获得了彗核的大幅图像。探测器测量了彗星的温度和某些物理化学参数，分析彗星气体尘埃的化学组成，并且研究了电磁场和物理过程。"韦加1"号、"韦加2"号向地面共发回1200张不同光谱段的彗星照片，使得苏联科学家作出如下结论：彗核是一个花生形状的均匀天体，其中一个直径约14千米，另一个直径约7千米。哈雷彗星的彗核表面极其黑，太阳照射的反射系数只有4%。彗星照片非常清晰，表明是由冰雪和尘埃粒子组成。虽然彗核对太阳光的反射极微弱，但当它接近太阳时，其中的冰升华为水蒸气，与尘埃一起形成彗发，而充满水蒸气的彗发在太阳光的照耀下能很好地反射阳光，因此人们从地面观察到彗星很明亮。

彗核的温度原先认为大约是 -50 ℃，但实际上经测量要比这高出100 ℃。韦加还首先发现彗核中存在着二氧化碳，并找到了简单的有机分子，使科学家增强了从彗核中寻找生命起源的信心。

由于苏联提供"韦加1"号、"韦加2"号弹道数据和这两个探测器获得的哈雷彗星准确运行轨道信息的引导，西欧较晚些时候发射的"乔托"探测器得以修正自己的轨迹，最终在1986年3月14日距彗核520～550千米的更近处飞越并摄取了近距离彗核图像。

"乔托"探测器向地面共传回1480张哈雷彗核照片，由于拍摄距离比"韦加"号探测器的距离近，照片更详细反映了彗核的面貌：彗核的形状凹凸不平，上面有两条从彗核表面的裂缝和奇特的喷嘴里喷射气体和尘埃的大喷气流，其喷射速度迅猛，而且是从彗核向太阳的一面喷出。"乔托"测得的彗核大小长15千米，宽8千米，应该认为比"韦加"所测彗核大小的数据更准确些。从"乔托"的照片上看，哈雷彗核上还有一座小山和一些陨石坑，整个彗核像烧焦的土豆。

"乔托"号探测器在距彗核700万千米以外的太空中检测出尘埃粒子，表明哈雷彗星尘埃粒子扩展的范围十分广大。"乔托"还分析了彗核附近的气体质量，检测出十几种分子，其中包括水分子。

日本发射的"彗星"号探测器观测了哈雷彗星彗发周围直径达1000万千米以上的氢冕。彗发中的氢原子散射太阳光中的紫外线而发亮，这就是所谓的氢冕或叫氢云。氢冕是不可能用可见光观测的，但可用紫外线观测。"彗星"号探测器上的紫外照相机从距彗核12000万千米的地方，拍得氢冕照片。该探测器还观测了太阳放出的高速粒子流，即太阳风。彗发的气体由于紫外线的照射而变化，形成离子和电子。这些离子和电子沿太阳风运动的磁力线流去，形成离子彗尾。离子彗尾随着太阳风的变化而时时刻刻改变着形状。"彗星"号探测器检测出太阳风中的离子，并在距离彗核 15 万千米的地方检测出彗发中的离子，调查二者之间的相互作用。

科学家们确认，太阳风离子受到哈雷彗星的影响。太阳风离子在不受哈雷彗星影响时秒速 450 千米。科学家了解到，哈雷彗星接受太阳热量最高时（1986 年 3 月 1 日前后），每秒钟蒸发约 16 吨水分，比 1985 年 11 月前后增加约 100 倍。哈雷彗星每接近太阳一次，便蒸发掉 2 厘米厚的尘埃物质，因此哈雷彗星的寿命是有限的，根据科学家估计，它还可存在 10000 年左右。

这次对哈雷彗星的全面探测，是国际科学界的大事。收集到的信息和数据，对彗星物质的综合研究具有根本意义，因为科学家们认为，在大部分时间里彗星不受太阳影响，所以它们能以原始形态维持其物质。

美国没有发射探测器对哈雷彗星进行考察，但人类对彗星的首次考察是由美国进行的。1985 年 9 月 11 日，美国太空船国际彗星探险者在距地球 7000 万千米处与贾科比尼·津纳彗星相会，并在极高的温度下穿过彗尾而未受到任何损害。它是在距彗核 7884 千米处穿过彗尾的，历时 15 分钟。测得彗尾宽度在 14500～16000 千米，而不是科学家原来计算的 4800 千米，这颗彗星的等离子彗尾可能比原来估计的大 5～6 倍，而彗星的磁场显然比地球小得多。

将人类送入太空的载人飞船

JIANG RENLEI SONGRU TAIKONG DE ZAIREN FEICHUAN

　　人类在热气球、飞艇和飞机等飞行器的帮助之下，飞上了蓝天；在卫星、空间探测器的帮助之下，更好地了解我们居住的地球以及宇宙空间。但是人类自己却没能实现飞入太空的梦想，更没能登上外星的土地。

　　不过，在载人飞船发展完善起来之后，人类逐步实现了征服太空的梦想。所谓的载人飞船，顾名思义就是人类通过航天器进入太空，在太空进行生活、工作、生产以及研究活动，并且返回地球。载人航天器形式多样，可以分为载人飞船、空间站和航天飞机。人类首次进入太空飞行、首次登月等活动都是通过载人飞船完成的。

　　在载人航天器方面，中国异军突起，取得了卓越的成就，已经成功发射了"神舟"系列载人飞船，成为了继苏联（俄罗斯）、美国之后，世界上第三个有能力将人类送上太空的国家。

载人航天飞船的特点

　　载人航天飞船，从实质上说就是载人的卫星。和卫星相比，它的外形较简单，有球形、圆锥形等，但重量较大。卫星的外形则多种多样和不规则，重量比飞船轻许多。

载人航天飞船和卫星相同的系统，除结构、能源、姿态控制、温度控制外，还有遥控、遥测、通信、信标跟踪等无线电系统，以保证与地面的通信联络、控制指令的传递、遥测信息的传输、资料参数的传送等等。

载人航天飞船的特点是有人，因此就有与卫星不同的系统，包括应急营救、返回、生命保障等系统。具有交会、对接和机动飞行能力的载人航天飞船，一般还设有空间交会雷达、计算机和变轨发动机等设备。

例如，单就载人航天飞船需要返回地面来说，飞船的结构比一般不返回地球卫星复杂得多：首先要对付气动加热造成的烧蚀，还要对微流星和宇宙射线进行防护，等等。所谓气动加热，就是载人航天飞船开始返回时，由于离地高、速度大而具有相当大的动能和势能；在它进入大气层后，在空气阻力的作用下急剧减速，飞船能量的绝大部分都转化为热能，如果这些热量全部传导给飞船，完全可把飞船化为灰烬，这就是气动加热问题。载人飞船的结构设计必须解决这个问题。合理选择飞船返回舱的气动外形，可使它在返回大气层过程中所产生热量的80%左右扩散到四周的大气里，剩下20%左右的热量则必须采取可靠的防热措施加以解决。

又如，载人飞船上的生命保障系统，是另一个十分重要的技术问题，它不仅复杂，而且必须绝对可靠。船舱要气密，舱内的温度和大气压力要适合人的生命需要，控制要求极高。在载人飞船中要造成一个与地球相似的微小气候，首先要模拟大气的混合比例，用灌装气体或电解供氧办法使航天员的座舱中氮占80%，氧占20%，保障每个航天员每天所需576～930克氧；而对他们每人每天呼出的约1000克二氧化碳，则采取用分子筛吸附的方法，控制其浓度不大于1%。调节飞船座舱温度湿度也十分重要。座舱的热源有1/3来自人体，通常每人每天大约产生313.5～627千焦，来自太阳辐射和各种电子仪器的热量也各占1/3。座舱除对壳体采取隔热措施外，还采用专门的热交换器把多余的热量吸收和辐射出去，使相对温度维持在18摄氏度～25摄氏度。人体每天呼吸和出汗，排出水分约1.5升，在座舱内形成水蒸气，故要采取冷凝和化学吸收的办法，使湿度控制在30%～70%。由于座舱狭小和密封，而人体代谢物达400多种，易造成舱室污染；在失重状态下，气体对流消失，热平衡难于维持，等等，都需要在飞船上很好解决。

载人航天飞船在航天飞行中，可研究各种特殊因素对人体的影响和相应的防护措施以及人在航天环境中长期生存所必需的条件和设备等问题。

在飞船急剧升空时，人体重量会相应增加而产生超重；在飞船返回地球时，必须制动，速度急剧降低，也会产生反方向的超重。飞船进入绕地轨道后，它就在某种程度上摆脱地球引力的作用，这时人体就失去重量，进入失重状态。超重和失重对人体各个器官都会产生生理影响。因此，载人航天飞船进入轨道飞行并安全返回地面，可以研究人在空间飞行过程中的反应和能力，研究航天员如何才能经得住起飞、轨道飞行以及返回大气层重力变化的影响。

在科学上应用载人航天飞船，可以进行生物、医学、天文、物理研究和天体观测，可以进行各种空间科学试验以及进行地球自然资源勘测等等。

目前，世界上发展载人航天飞船并完全掌握这种载人空间技术的国家，只有美国、俄罗斯和中国。但是，欧洲各国和日本正在积极准备发展载人航天飞船。

30年来，已经实现的载人航天计划有苏联先后发展的"东方"号、"上升"号、"联盟"号以及"礼炮"号、"和平"号等载人空间计划；美国先后发展的"水星"、"双子星座"、"阿波罗"、"天空实验室"和航天飞机等载人空间计划。

▶▶ 知识点

空间交会雷达

空间交会雷达是用以引导航天器在空间轨道上交会和对接的一种雷达。两个载人飞船处在不同的轨道上，飞船甲载有空间交会雷达和制导计算机，飞船乙（目标）载有（或不载）应答机。交会雷达的作用是捕获并跟踪目标，测出两飞船之间的距离、距离变化率和角度，输送给制导计算机和显示器。由计算机算出飞船甲进行交会运动的参数、进入转移轨道的最佳时间、射入点和速度变化修正量等，并在显示器上显示出来。航天员根据这些数据操纵飞船甲，使两飞船之间的距离和距离变化率趋近于零，以实现交会。

人类进入宇宙空间的必要措施

　　人类征服太空的过程中，不能永远留在自己密封的舱室中，需要经常出入开放空间。然而，人如何才能进入开放空间，这是发展空间在轨技术的重要方面。

　　宇宙空间对人来说，其环境是极为恶劣的：没有大气压力，更无氧气；阳光照射下的温度可高达120℃；夜晚，温度会降至 – 90℃，最低时竟可达 – 120℃。如果没有安全防护措施，在空间，人是一分钟也不能生存的。不要说温度极度变化使人无法适应，单就没有大气压力而言，人体内气体会急剧膨胀，氧气从肺、血液和组织中大量跑出来就可使人立即死亡。为保护人不受严酷的太空环境伤害，航天员必须穿上航天服进入开放空间。

　　航天服的主要功能是提供氧气、防止真空和温度急剧变化的伤害。从结构上，这种服装通常由 5 个层次组成：最外一层由耐高温和抗摩擦材料组成，其主要作用是保护服装的其余内层结构；第二层为隔热层，用5 ~ 7层涂铝的聚酯薄膜构成，薄膜之间用网状织物分割开，具有极佳的防辐射热性能；第三层为限制层，主要是限制第四层加压后的膨胀，保持服装舒适和合体，采用的材料是具有很高强度的尼龙织物；第四层是加压层，使用两面都涂有氯丁橡胶的尼龙织物做成，可防止服装内的加压气体向外泄漏，有良好的气密作用；第五层是贴身穿的液冷服，其结构是在连成一体的尼龙内衣裤上，固定许多用乙烯基衍生物做成的细管网，管内有冷却液循环，能排除人体代谢产生的热量。

　　航天服同时是一个小型的密封舱，除了服装以外，还包括头盔、手套、靴子和背包式生命保障系统。生命保障系统能提供纯氧并具有一定的氧压，还能清除人体呼出的二氧化碳，提供冷却水带走多余的代谢产生的热量，还有通讯装置，可保证身处开放空间的航天员在任何时候都能与地面测控中心取得联系。别看小小的航天服，它在技术上相当复杂而且应绝对可靠，否则航天员是不能来到开放的宇宙空间的。为做到绝对可靠，航天服上还安装微处理计算机检测设备，可对服装和生命保障系统不断实施检测并伴有检测指示，不仅能及时发现故障，还能告诉航天员采取措施，防止生命受伤害。

航天服内的气体压力通常做不到一个标准大气压，只能做到 1/3 个大气压。因为航天服加压后，压力愈高，服装硬度也愈大，不易弯曲，妨碍关节活动，所以一直采用低压。航天员穿上这种航天服，如果马上离开空间站或航天飞机进入开放的宇宙空间，压在航天员身体表面的大气压等于航天服气压。航天员身上的压力从空间站或航天飞机舱内一个大气压突然降到 1/3 个大气压，原先血液中的氮气就会变成气泡从血液中跑出来。这种小气泡在身体血管里到处乱窜，一旦堵塞脑血管，航天员就会瘫痪甚至死亡。这就是所谓的减压病。

为了防止航天员得减压病，航天员穿上航天服后，还不能马上进入开放空间，而需先来一个吸氧排氮过程，这个不可缺少的过程称为气压顺化。具体做法是这样的：航天员在离开空间站之前，先要走进空间站内特设的叫做气闸舱的小舱室，穿上航天服。一边慢慢减低气闸舱内空气压力，一边给航天员吸纯氧气，促使血液中的氮气慢慢排掉，这个过程通常要历时 3.5 小时。

较早时候，航天员在开放空间的时间不长。现在，由于航天服不断改进，供氧和消二氧化碳水平的提高，航天员在宇宙开放空间停留时间可长达约 7 小时。

最近又出现一种新型航天服，它内部的压力可以达到 0.54 个大气压，几乎可以不用担心航天员会得减压病。当然，由于要承受较高压力，航天服的重量增加了。研制新的航天服，原则上是要在保证航天员穿着航天服不发生减压病的前提下，尽可能采用低压制度，以便让航天员能做必要的活动和防止过度疲劳。

⋯➤➤ 知识点

标准大气压

标准大气压，是压强的单位，是指在标准大气条件下海平面的气压，其值为 101.325 千帕。标准大气压值的规定，是随着科学技术的发展，经过几次变化的。最初规定在摄氏温度 0℃、纬度 45°、晴天时海平面上的大气压强为标准大气压，其值大约相当于 760 毫米汞柱高。后来发现，在这个条件下的大气压强值并不稳定，它受风力、温度等条件的影响而变化。于是就规定760毫米汞柱高为标准大气压值。但是后来又发现760毫米汞柱高的压强值也是不稳定的，汞的密度大小受温度的影响而发生变化。

为了确保标准大气压是一个定值，1954年第十届国际计量大会决议声明，规定标准大气压值为101.325千帕。

载人航天飞船打开了宇宙之门

发展载人航天飞船并把人送上绕地球的轨道，然后安全返回地面，是一项极其复杂的系统工程。首先，要发展一种能携带载人飞船的运载火箭，它应有足够大的推力，保证把飞船送入地球轨道；第二，要发展飞船上航天员的生命保障系统，并经过检验证明完全可靠；第三，飞船返回舱的返回系统应保证航天员能安全返回地面，而且落点要准确；第四，载人航天飞船的发射、控制、跟踪和回收等所有环节和连续过程都要高度可靠。

与此同时，要对航天员进行严格训练并达到能适应飞船上升入轨、轨道飞行和返回地面时的特殊环境。还要进行大量的有关试验，包括各种地面试验、无人飞船的模拟试验、用动物进行宇航条件下的医学试验等，以确保首次载人航天飞行的安全与成功。

例如，在尤里·加加林打开通向宇宙的大门之前，苏联曾用各种生物火箭射离地球110～450千米高度，共进行了31次动物飞行试验，用卫星进行了7次带有动物及生物培养试验的太空飞行。这都是为载人航天飞行作准备。

又如，为了挑选航天员，医学家们走遍全苏联，从3000名候选人中，以最严格的标准筛选出20名作为培训对象，而最后只有6名成为首次太空飞行的预备队员。他们每个人在特殊的实验室和飞机上经历了4～5次失重训练、95次以测试承受超重的适应能力的离心机实验、40多次跳伞试验。为了飞向宇宙，人类作出的努力是小心谨慎的，但代价是巨大的。

在发射第一艘载人飞船之前，又先后多次发射卫星式飞船作为载人飞船的先驱。1960年5月15日发射第一艘"东方"号不载人飞船，目的是验证姿态控制系统和着陆返回舱的分离系统，结果，"东方"号飞船不仅没有返回，反而被抛向更高的地球轨道。7月23日，再次发射又因火箭出故障而失败。8月19日第三次发射获得成功，这次发射的卫星式飞船搭载了两只名字叫贝尔卡和斯特来卡的狗、两只长尾巴大鼠、28只耗子和一窝果蝇，这些"乘客"经轨道飞行后都安全返回地面。但是生物医学家们发现，在飞船绕地进入第四圈时，有一只狗严重呕吐，他们对此极为不安。由于这一点，不得不决定在第一次载人飞行时，飞船只绕地球飞行一圈，然后立即返回，这是为了对航天员的安全负责。12月1日，又一艘搭载动物的"东方"号飞船发射入轨，在返回时因制动系统故障而失败。三星期后的又一次发射因火箭第三级故障再遭挫折。然而，无论是成功还是失败，都是人类通向宇宙道路上的进步。

1961年3月19日和25日又接连发射搭载几条狗的宇宙飞船进行轨道飞行，继续考核飞船飞向太空的综合技术问题和试验动物的生理适应问题。值得庆幸的是，这两次发射获得完全成功，载人航天飞船的安全可靠性及航天员适应空间特殊环境的可能性得到初步证实。这时，总设计师谢尔盖·卡罗廖夫才深信，人类打开宇宙大门的时机已经成熟了。于是，在1961年4月12日，苏联正式发射"东方"号载人航天飞船，出身农民家庭的尤里·加加林乘着这艘飞船，使自己摆脱地球引力，打开了宇宙的大门，进入了轨道飞行。按预定计划绕地球一圈，历时108分钟后安全返回地面。

从此，人类开始把自己的足迹移入太空。在同一时期，美国以自己的方式打开通向宇宙的大门。它的"水星"号载人飞船在进行第一次载人飞行之前，进行了171次不载人的飞行试验，其中3次搭载动物，目的是充分证实载人航天飞船的安全可靠性及人适应空间特殊环境的可能性。1962年2月20日，美国航天员约翰·格伦乘"水星6"号飞船也进入了轨道飞行，为人类征服太空作出贡献。

富有传奇色彩的"阿波罗"计划

迄今为止，"阿波罗"登月是历时最长、规模最大、投资最多、最富传奇性的人类对太空的探险行动。美国早在1957年就开始设想"阿波罗"登月计划，经过若干年科学技术和财政支持的多方面综合论证，1961年5月25日，美国正式宣布实施该项计划。历时10年多时间，1972年12月底，"阿波罗"登月计划结束。参加"阿波罗"登月计划的，除美国航空空间局宇航中心外，先后有120所高等学校、2万家工厂、400多万人，耗去250亿美元资金。

在执行"阿波罗"登月计划的10年时间里，共进行了17次飞行试验，包括6次无人亚轨道和地球轨道飞行、1次载人地球轨道飞行、3次载人月球轨道飞行、7次载人登月飞行（其中6次成功，1次失败）。

"阿波罗"重50吨，高25米，装在高85米的"土星5"运载火箭上，合成高度达110米，相当于一座36层现代化大楼的高度。飞船由三部分组成：指挥舱高3.6米，最宽处近4米，约有一辆旅行车大小；服务舱长7.3米，内装飞船主要发动机、电源、水、氧以及仪器设备；登月舱高6.9米，直径9.2米，重约16吨，分上升和下降舱段两部分。"土星5"火箭由三级组成。第一级火箭工作2.5分钟，可使飞船速度达每秒2.7千米。飞船飞到离地60千米高度时，第一级火箭脱落后坠入海洋中。接着第二级点火，第二级火箭点火后工作约6分钟，飞船速度可达每秒6.8千米，当飞行高度达180千米时，第二级火箭脱落，第三级火箭接着点火，工作约2分钟，即起飞后12分钟，飞船速度达到每秒7.9千米的第一宇宙速度。进入地球轨道后，第三级火箭再启动工作约5分钟，使飞船达每秒10.9千米的第二宇宙速度。这时飞船逸出地球飞往月球。

若干小时后，飞船与第三级火箭脱离，靠惯性飞行约3天进入月球轨道。当飞船飞至距地球约32万千米时，它受地球和月球的引力正好抵消，速度降到最低。在这之后月球的引力影响逐渐增加，当飞船速度增至每秒2.2千米时，开动火箭降低速度，进入月球轨道。由于月球围绕地球公转原因，月球从飞船发射时的位置转过约30多度。飞船进入月球轨道，2名准备登月的航天员从指挥舱进入登月舱。登月舱与指挥舱脱离并开动下降发动机。离月面20.4千米时，用自动控制降落器控制降落；离月面2千米时，进行盘旋，选择登月位置；在降落点上空150米时，以每秒0.9米的速度下降。

在月球的探险活动结束后，航天员再爬上登月舱准备返航。航天员控制推力1.6吨的上升发动机点火，使上升舱段以下降舱段作发射台发射起飞，飞行 4 分钟后进入 16～83 千米的月球轨道，逐步接近指挥舱并最后完成和它的对接。航天员进入指挥舱后，抛掉登月舱，并开动服务舱发动机，使飞船获每秒 2.4 千米的速度，脱离月球轨道，开始返回地球。离地球约 640 千米时，开动发动机，离开轨道，飞向溅落区，抛掉服务舱，进入稀薄大气层，在南太平洋上溅落，由航空母舰上的直升机进行搜索打捞工作。

1969 年 7 月 16 日，载着 3 名航天员的"阿波罗 11"号载人飞船，史无前例地启程飞往月球，开始执行人类首次对月球的冒险探测行动。经过长途跋涉，飞行约 38 万千米的距离，5 天后的 7 月 21 日，"阿波罗 11"号终于飞抵月球轨道。人类的 2 位使者，航天员阿姆斯特朗及其同伴奥德林进入登月舱，开始驾驶登月舱进行登月下降。另一名航天员则驾驶指挥舱继续绕月球轨道飞行，在进行科学考察的同时，和登月舱的同事保持通讯联系，一旦登月活动发生意外或危险，负责救援。好在一切顺利，登月舱在月球的静海着陆。指令长阿姆斯特朗首先爬出舱门，站在 5 米高的小平台上，面对陌生、荒凉和神秘的月球，举目四望片刻。不知他此时此刻怀着怎样的心情。他先伸出左脚，一步一步地爬下扶梯。这时全世界数亿人围坐电视机前观看了这一轰动全球的登月创举。只见阿姆斯特朗的左脚小心翼翼地首先触及月面，而右脚还停留在登月舱上。当他发现左脚陷入月面很少后，才鼓起勇气将右脚也踩上月面。就这样，阿姆斯特朗作为地球人类的使者，首先登上了月球表面。随后同伴奥德林也踏上了月球。

为纪念这伟大的有意义的探险行动，两位使者在月球上安放了一块金属纪念牌，上刻"1969 年 7 月，地球人在月球首次着陆处，我们为人类和平来到这里。"他们在月面停留 21 小时 18 分钟，进行一系列实地月球考察，然后带上采集的月球土壤和月岩标本启程返航。他们搬动登月舱的控制器，炸开爆炸螺栓，使上升发动机点火，起飞升入月空。登月舱进入月球轨道，航天员从登月舱顶端的光学观察窗可以在对接时观察指挥舱，用调节高度和方向的小型变轨发动机调节飞行轨道，使其逐渐接近指挥舱。然后通过仪器使登月舱对准指挥舱，以每秒 7.6 厘米的速度实施并完成对接。两航天员带着月球样品及其他物件，费力地爬过连结通道，回到指挥舱和指挥舱驾驶员会合。然后抛掉登月舱，使它撞击在月球上并进行一次月震试验。启动服务舱发动机，飞船获得每秒 2.4 千米速度后，逸出月球轨道，正式进入返回地球的航程。1969 年 7 月 24 日，飞船安全溅落在南太平洋上，从而完成了人类历史上的首次登月探险任务。

"阿波罗"登月飞行共进行了 7 次，参加的航天员共 21 人，其中有 12 人登上月球。登月航天员的平均年龄为 40 岁左右。其他几次登月飞行的时间是："阿波罗 12"号的飞行是从 1969 年 11 月 14 日~24 日，在月球的风暴海降落；"阿波罗 13"号的飞行从 1970 年 4 月 11 日~17 日，因故障中途返航，未能登月；"阿波罗 14"号的飞行从 1971 年 1 月 31 日~2 月 9 日，在月球的薄拉莫勒地区降落；"阿波罗 15"号的飞行从 1971 年 7 月 26 日~8 月 7 日，在月球的亚平宁山哈得利峡谷降落；"阿波罗 16"号的飞行从 1972 年 4 月 16 日~27 日，在月球的迪卡尔高地降落；"阿波罗 17"号的飞行从 1972 年 12 月 6 日~19 日，在月球的曹拉斯利特罗山脉降落，它历时 12 天又 14 小时，为飞行时间最长的一次。

"阿波罗"登月，除考察外，还在月球上建立了核动力科学站，驾驶月球车进行活动，采集的月岩月土标本达 400 千克，都带回地球作进一步科学分析。

"阿波罗"登月探险的成功，无疑具有伟大的科学技术意义，因为它是人类第一次离开地球而到达别的天体，是人类向太空渗透的新里程碑，是一次飞跃。在人类向太空继续渗透、探索宇宙的奥秘时，月球还将成为桥头堡。登月的成功，也为人类开拓新的疆域，开发利用月球创造了条件。

"阿波罗"登月计划完成之后，美国决定在以后的几十年内不再进行。这样，为登月飞行研制的精良技术设备，其中包括土星运载工具、飞船和许多实验设备就不再需要了，这一事件曾引起各种议论。至于美国为什么要做出这样的决定，是一个谜。

成功登月呈现了一个真实的月球

从地球望月亮，美妙绝伦，似水月光倾泻大地，一片银辉，为赏月者送来一片柔情。古往今来，有多少诗人为之倾倒，又有多少文人挥笔著华章。美丽的月球，真的美吗？为科学地弄清它的真貌并探索其奥秘，多少年来，无数科学家贡献了毕生精力。

大多数人对月相很熟悉。当月球处在地球和太阳之间的轨道上时，我们只能看到一道弯弯的月光，它叫新月。两个星期之后，月球运行到地球的另一侧，我们看到满月。不用望远镜，我们也可以看到月球表面上的亮区和暗区。通过各种探测手段，包括飞船对月球摄影和月岩分析，科学家告知我们说，亮区是由陨石冲击所撞碎的火成岩碎石块组成的；暗区是冷却了的熔岩流，它是在亮区形成后很久从内部流出来的。亮区称为月陆，暗区较低称为月海。

"阿波罗"飞船登月时，航天员在月面上安放了一个月球激光反射器。科学家从地面对着它发射激光脉冲，脉冲到达月球后经该反射器反射后回到地面，经历约 2.5 秒的时间。因为激光脉冲的速度和光速一样，每秒行走 30 万千米，这样科学家便算出月亮和地球之间的平均距离是 384000 千米，但是月球绕地运行轨道不是整圆，实际距离的变化为这个数值的百分之五。

科学家已经弄清楚，月球上既没有大气，也没有水。原因是月球质量小，引力太弱，留不住它们。月球上的物体摆脱它的引力飞向太空的脱离速度，远比物体脱离地球的速度为小，只有每秒 2.4 千米。气体分子运动的平均速度只要大于逃逸速度的五分之一，即每秒 0.48 千米，就会迅速飞散到宇宙空间去。实际上，在 0 摄氏度时的氢、氦和氮等气体分子的平均速度均大于每秒 0.48 千米。因此，月球上不可能存在这些气体。由于没有大气保护，受太阳照射时月面温度很高，可达 127 摄氏度，所以也不会有水，因为如果有水，就会化成水汽逃逸。当然，在月球的两极，异常寒冷和阴暗，水以冰的形式存在是有可能的。

月球上没有水和空气，就不可能有任何生命存在。事情确实如此，当"阿波罗"飞船的航天员登上月面时，没有见到地球上的那种绿色，没有河流，没有声音，更无地球上的鸟语花香。整个月球世界毫无生

月 球

命气息，在深黑色的天空衬托下呈现出一片令人恐怖的荒凉和死寂，全无地球上人们赏月时的那种柔情和美丽，月亮不过是由岩山构成的荒球。

但是，月球上也确有地球没有的景观，如能登月欣赏一下月球天空，从那里观看宇宙会毕生难忘。例如从月球上看太阳东升西落就和地球上大不一样。因为月球自转比地球慢许多，它的一昼夜长达 27.33 地球日。这样，太阳升落也很慢，从日出到中午要经过 180 多小时。而且月球周围无大气遮隔，看到的太阳比地球上要明亮千百倍，是地球人无法想象的真正的大火球，它高悬天空，似乎不动地缓缓移向天心。在烈火照耀下，温度不断升高，正午时分达到 127 摄氏度，如果你不穿上具有生命保障系统并能抗高温的太空服或者不躲在登月舱内，身体中的水分很快就会蒸发掉。过中午后，又要经过 180 多小时方见日落，温度也不断回跌。日落后，长达两星期左右的漫漫长夜开始了，月面温度可降到 -183 摄氏度。确实是高处不胜寒了。在夜空中，能见到一轮硕大无比的"明月"在极慢地移动，这就是反射着太阳光的地球，其亮度比在地球上见到的月亮要明亮许多许多倍，光线柔和似水，真像个小太阳。

月亮上的另一奇观是到处是环形山，也就是大大小小的陨石坑。因为没有空气保护，在月球存在的 45 亿年左右的时间里，流星体常以巨大的力量撞击月面，产生了无数环形山，它的大小随流星体的质量而有所不同。应用各个飞船拍摄的月球照片，科学家已鉴别出大约有 30 万个直径大于 1 米的环形山。这种陨石坑所抛出的破碎岩石应当在离原陨石坑一定距离的地方落下来。这样，月球表面是由大量破碎岩石组成的。事情确实是这样，航天员登陆月面，发觉自己站在一层称为"浮土"的碎石上面。又由于月球上没有风雨侵蚀，各种各样的环形山以及"浮土"能长期保存下来。

月球在一个近于圆形的轨道上绕地球运行，其速度为每秒 1.02 千米，绕地一周的时间正好等于它自转一周的时间，因此月亮老是以同一面朝向我们。从月球作用于它附近的飞船的万有引力，科学家算得月球质量是地球质量的 1.2%。从精确测定月球角（约半度）大小，又可算得月球半径是 1738 千米，这样，又可以计算出月球一系列其他数据，即其表面积是地球的 1/14，体积是地球的 1/49，重力是地球的 1/6，而月球上自由落体的重力加速度为 1.62 米/秒^2。

月　海

所谓的月海，是指月球月面上比较低洼的平原。用肉眼遥望月球，我们会发现有些黑暗色斑块，这些大面积的阴暗区就叫做月海。月海是月球表面的主要地理单元，总面积约占全月面的25%。迄今已知的月海有22个，绝大多数月海分布在面向地球月球的正面，正面月海约占半球面积的一半；月球背面只有东海、莫斯科海和智海共3个，而且面积很小，占半球面积的2.5%。

月海虽叫做"海"，但徒有虚名，实际上它滴水不含，只不过是较平坦的比周围低洼的大平原，它的表层覆盖类似地球玄武岩那样的岩石，即月海玄武岩。苏联发射的"月球24"号探测器软着陆地点危海便是月海之一，它位于月球东北半球，直径605千米，面积约17.6万平方千米。

苏联的载人航天体系

在整个航天科技领域，专家们从宏观角度看，认为苏联的某些空间技术算不上世界最先进。但是，认为她建立起来的巨大航天体系是现今世界上最完整的，并且以总体优势体现了高科技目标，奠定了现代航天学的基础。

如果不计地面航天员训练中心以及测控中心等服务性机构，这个航天体系包括"和平"号空间站试验基地、"联盟"号载人航天飞船、"进步"号货运航天飞船、"联盟"号运载火箭和"质子"号运载火箭。依靠这些设备，开动这个天地间的复杂系统，进行广泛的空间科学研究和探索太空奥秘的任务。

"和平"号空间站复合体试验基地

"和平"号空间站在1986年2月20日发射入轨，质量20吨，长13.5米，最大直径4.15米，有效容积达90立方米，有太阳能帆板2块，总面积达102平方米，共有6个对接舱口。可以与它对接的专用舱和飞船有这样一些种类：

大型对接舱，质量为 20 吨，直径 4.15 米，容积 50 立方米。其中不返回的大型对接舱，长度为 6.5 米；而返回的大型对接舱，长度为 13 米左右，并拥有太阳能电池帆板 2 块，面积 40 平方米，输出功率 3 千瓦。可以对接的小型对接舱，质量为 7 吨，长度 7 米，最大直径 2.7 米，有效容积 10 立方米。另外可对接的飞船是"联盟"号 TM 客运和"进步"号货运渡船。

以"和平"号空间站中心舱为核心的复合体试验基地，目前已完成第一阶段空间对接拼装任务，拥有 5 个模舱，其中 3 个科学舱、1 个"联盟"FM 飞船以及主舱。

科学舱是"量子 1"号、"量子 2"号和"晶体舱"。"量子"号天体物理实验室是在 1987 年 4 月 11 日与"和平"号对接的。"晶体"舱是 1990 年 6 月最后发射上去的，全长 13.73 米，最大直径 4.15 米，有 5 个冶炼炉，其中一个较小，便于搬动。全部炉子均能自动工作，各种不同实验可同时进行。每只炉子带有控制晶体培养过程的计算机。冶炼炉能为大量实验提供良好条件，这些炉内最高温度可达到 2000 摄氏度。因此"晶体"舱的前景十分可观。有消息报道说，自"晶体"舱拼装到空间站后的头 7 个月，已经生产价值 1000 万美元的空间半导体材料。到目前为止，还有一个地球遥感舱和一个地球环境监测舱未发射组装到位。但现已拥有 5 个模舱的"和平"号空间站复合体，已具备进行天体物理研究、生产小批量蛋白和晶体的能力。

在使用期间，这个空间站复合体，既可变更模舱数量，也可改变总的配置。专用模舱还能做机动飞行，单独去执行任务。目前，"进步"号货运飞船所占用对接口将供一个不返回大型对接舱对接之用，而"进步"号货运飞船则对接在这个不返回大型对接舱的另一个对接口上。

为了在中心舱即主舱和其他舱室放置科学仪器和设备，辟有专门位置。仪器和设备可能安装在舱室之内，也可能装在空间站复合体的外表。设备的尺寸主要受运输飞船以及某些情况下放置位置的限制。

空间站上的闸门暗室，可使航天乘员不离开空间站就可看管工作在开放空间里的仪表。复合体外部的仪表和设备通过机械固定器固定。仪表工作过程数据以及实验结果由构成仪器组成部分的自动记录仪记录，并可用站上遥测设备直接将数据信息传送给地面跟踪站。

带有科学研究成果设备的返回，则使用载人航天飞船。从回复仪器打包到飞船着陆地面，通常不超过两昼夜。返回地面设备的尺寸规定不超过 450 毫米 ×240 毫米 ×160 毫米。

"和平"号空间站内的空气和地球上大气层差不多，气温终年保持在 20 摄氏度左右，真是四季如春。如果不出舱到开放空间去，航天员可以不穿航天服生活和工作。由于空间站远离地面执行观天测地任务，其乘员随时可能遇到各种危险，因此站上总是停着一艘"联盟"TM 飞船参与复合体的工作。实际上还时刻准备着执行救援任务。

"联盟"号 TM 飞船

"联盟"号是迄今应用最多的宇宙飞船，目前已进入第四个 10 年。"联盟"号总设计师卡罗廖夫为它设计了几种类型：一种是地球轨道上运行的三舱型；一种是用于验证月球飞行技术的捆绑式两舱型探测器；还有一种是月球着陆型。用于地球轨道运行的"联盟"号飞船，发展了三代：第一代称为"联盟"号，第二代称为"联盟"号 T，第三代称"联盟"号 TM。"联盟"号最初用于执行 3 人低地球轨道单飞飞行任务，飞行时间可达两周半。"联盟"号 10 和 11 用于"礼炮"号空间站作渡船。在"联盟"号 11 发生一次降落事故之后，苏联人对"联盟"号作了重新设计，使之成为仅能作两天半独立飞行的两人座舱空间站的客运渡船，即"联盟"号 T。自 1967 年 4 月以来，苏联共发射第一代"联盟"号飞船 40 艘，发射第二代"联盟"号 T 共 15 艘。第三代"联盟"号 TM 宇宙飞船和"联盟"号 T 的区别是安装了更新一代的交会对接雷达与计算机、无线电通信、紧急救援、联合发动机装置和降落伞等设备，采用了轻型材料，可多载 200 千克载荷。1986 年 5 月 21 日，第三代"联盟"号 TM 首次发射，23 日与"和平"号空间站对接成功。20 世纪末，专用于地面和空间站之间客运的"联盟"号 TM 飞船已经发射过 10 多次，均获成功。

"联盟"号飞船由近似球形的轨道舱、呈钟形的返回舱和呈圆柱形的设备舱三个舱段组成。目前是地面和空间站之间的客渡飞船，它在返回地球大气层之前，将轨道舱和设备舱抛弃，只有返回舱返回地球。从飞船起飞到入轨和返回，航天员都坐在返回舱内。返回舱内部容积 4 立方米，原有 3 个座位，能容纳 3 名航天员，后来改成 2 个座位，容纳 2 名航天员。舱内有显示各系统设备工作状态的仪器、导航仪表和各系统的控制转换开关。在其底部有防热罩，其内有 4 台装有固体推进剂的缓冲着落火箭。飞船入轨后，航天员就可进入轨道舱工作或休息。轨道舱容积 4.9 立方米，内有交会和对接系统、电视摄影机、出舱活动设备、航天员进膳用具、部分通信等。设备舱分前、后两舱，前舱为仪器舱，内有遥测系统、主要通信设备、各种传感器，后舱为发动机舱。设备舱外表装有天线系统。

"联盟"号 TM 的外表面除 8 平方米的辐射器外，均有热覆盖防护。生命保障系统大部分装在轨道舱中，一小部分装在返回舱中，独立部分放在长沙发椅下。氧气瓶供紧急情况时用。废物管理和饮食都在轨道舱中进行。返回舱有够 48 小时的空气、食物和水，供紧急着陆时用。和货运飞船比较，"联盟"号载人飞船由于生命保障系统、热防护、控制和其他有关部件占去相当部分的有效载荷而费用昂贵。

"进步"号货运飞船

"进步"号货运飞船是用"联盟"号载人飞船改装而成的。除去飞船载人所必需的部分，还装备有自动控制系统；降落返回舱用推进剂和氧化剂容器来取代；原用于航天员工作和休息的地方，变成了"进步"号飞船的货舱。"进步"号货运飞船发射时重量为 7 吨，有效载荷 2.5 吨，大约是其自身重量的 36%，效益是相当高的。

"进步"号货运飞船给空间站驻站人员运送他们需要的燃料、压缩空气、食物、水、空气再生器、衣服和邮包，还运送实验需要的置换设备、仪器和装置，还有普通摄影、电影摄影胶片。因为宇宙辐射原因，胶片在空间站不能长期保存。

"进步"号货运飞船还帮助运走航天乘员在空间站不再需要的东西。虽然废物垃圾可通过空气锁箱丢弃，但会污染宇宙空间并损失空气，此外，通过空气锁箱是丢弃不了大的东西的，所以航天乘员们都喜欢用"进步"号货运飞船处理他们的垃圾。

"进步"号货运飞船和空间站对接并卸货之后，装好垃圾便脱离对接，启动减速发动机，离开地球轨道向大地飞去。由于货运飞船没有热防护措施，进入地球浓密大气层后便立即被完全烧毁，如果有少许残余，一般会溅落大洋之中。

"联盟"号运载火箭

"联盟"号运载火箭是一种三级火箭。第一级是由捆绑在第二级下部外侧的4个火箭组成。因此，"联盟"号运载火箭是由6个火箭发动机串并联组成。发射的飞船固定在火箭的第三级上，外面有整流罩，整流罩的前端固定着应急救生火箭。运载火箭与飞船组合体全长48.8米，底部最大直径10.3米。"联盟"号运载火箭在航天体系中的作用是向空间站发射"联盟"号TM客运飞船和"进步"号货运飞船。火箭的有效载荷能将6900千克重的飞船送入倾角50.5度、远地点450千米、近地点200千米的近地椭圆轨道。发动机燃料为高、低两种沸点的混合推进剂。事实证明，"联盟"号运载火箭的设计是高度成功的，有极好的可靠性和长久的生命力，生产、使用已经30年。其质量可以和已经持续生产制造25年的DC-3航空器、著名的德国大众汽车公司的产品相媲美。用"联盟"号运载火箭发射飞船的次数与美国"水星"、"双子星座"、"阿波罗"以及航天飞机发射次数的总和相当。平均每年用"联盟"运载火箭发射飞船6次。由于长期使用，该运载火箭生产批量大，工艺稳定，成本也便宜。

"质子"号运载火箭

"质子"号运载火箭有两种形式：一种是串平行三级发动机火箭，另一种为改型的四级火箭。"质子"号运载火箭也已使用20多年，在航天体系中专用于发射"礼炮"号、"和平"号空间站以及"和平"号空间站的专用模舱。

"质子"号三级火箭，不包括载荷时全长44.3米，能把21吨有效载荷送达倾角51.6度、200千米高的近地圆形轨道。四级型"质子"号火箭能将2200千克有效载荷送达任何对地静止轨道位置，能将5700千克载荷送往月球，5300千克载荷送往金星，4600千克载荷送往火星。所有各级火箭发动机燃料均为混合推进剂。

考察苏联航天体系，各构成要素非常协调且运用恰到好处，各显其能。虽然用一次性发射系统做天地间的运输工具，但由于生产批量大、工艺稳定和可靠性好，成本反而比可重复使用的航天飞机低。

这个航天体系的长期运行，为空间科学研究带来极大好处。例如，苏联航天员已经完成了 500 项以上空间材料加工处理和合金形成试验，有的已经以空间车间的形式进行小批量生产。空间产品性能优于地球产品，通常具有更好纯度和特性。所有试验成功的这些项目，在转向大规模空间工厂生产后，能引起工业的巨大变革。同时，航天员在空间站长期工作，积累了丰富经验，还不断创造在空间长期逗留的纪录，说明空间生命科学研究的重大进步。

中国的"神舟"飞船成功升空

1994 年初，"神舟"这个名字从众多的飞船方案中脱颖而出。从此，我国自主制造的载人飞船有了名字——"神舟"。从字面上看，"神舟"意为"神奇的天河之舟"，又是"神州"的谐音，象征着飞船研制得到了全国人民的支持，是四面八方、各行各业大协作的产物；同时，"神舟"又有神气、神采飞扬之意，预示着整个中华民族都将为飞船的诞生而无比骄傲与自豪。

中国载人航天工程于 1992 年立项，经过 7 年的艰苦努力，初步建立了载人航天科学。技术与工程体系突出了主要关键技术，载人准备工作进展顺利。"神舟"飞船经过多年的充分研究、论证，我国的科学家对于载人航天的目标及其途径形成了明确意见。由于"神舟"飞船设计起点高，系统复杂，所以在正式载人飞行前进行了多次无人飞行实验来验证其设计可靠性，以确保飞行安全。

"神舟"载人飞船全长 8.86 米，最大处直径 2.8 米，总重量达到 7790 千克。"神舟"飞船采用的是典型的"三舱一段"式结构。从构型上来说，由返回舱、轨道舱和推进舱以及一个附加段组成。

返回舱是载人飞船唯一返回地球的舱段，飞船起飞、上升到入轨及返回着陆时，航天员都在返回舱内。"神舟"飞船的返回舱是一个钟的形状，其舱门与轨道舱相连，航天员通过这个舱门可以进入轨道舱。

"神舟"飞船的轨道舱呈圆桶形状，是航天员工作、生活和休息的地方。轨道舱的后端底部设有舱门，通过这个舱门，与返回舱相连接，航天员通过这个舱门可以进入返回舱。轨道舱外部两侧装有两个像小鸟翅膀一样的太阳能电池翼，轨道舱所需要的电能就是通过这两个电池翼提供的。

推进舱又称设备舱，其形状是圆柱形的，舱内安装发动机和推进剂，其使命是为飞船提供姿态调整和进入轨道维持所需的动力，飞船电源、环境控制和通信等系统的一部分设备也安装在这里。推进舱外部两侧安装了两个太阳能电池翼，为飞船提供所需的电能。加上轨道舱上的两个太阳能电池翼，"神舟"飞船上共有四个太阳能电池翼。

1999 年 11 月 20 日，"神舟 1"号实验飞船成功进入太空，在轨道运行了 14 圈后按照预定程序顺利返回，并准确着陆。其后，"神舟 2"号～"神舟 4"号又顺利升空，中国航天向载人飞行迈出了重要一步。

2003 年 10 月 15 日，我国自主研制的"神舟 5"号飞船载着中国第一名航天员杨利伟顺利升入太空。在飞船的返回舱内还搭载有一面具有特殊意义的中国国旗、一面北京 2008 年奥运会会徽旗、一面联合国国旗、人民币主币票样、中国首次载人航天飞行纪念邮票、中国载人航天工程纪念封和来自祖国宝岛台湾的农作物种子等。

"神舟 5"号飞船的发射成功，使中国成为世界上第三个能独立进行载人航天飞行的国家，宣告中国正式成为太空俱乐部的一员。

2005 年 10 月 12 日，"神舟 6"号飞船搭载航天员费俊龙和聂海胜发射升空，于 10 月 17 日成功返回。

"神舟 6"号飞船有以下特点：起点很高，飞船具有承载 3 名航天员的能力；一船多用，航天员返回后，轨道舱可以在无人值守的状态下，作为卫星继续利用半年，甚至可以在今后进行交会对接实验；返回舱的直径大，是 2.5 米；飞船返回非常安全。

在飞行中，航天员进入了轨道船舱，在失重状态下进行了多项人体生理实验，第一次获得了"真正"的数据。此次飞行标志着我国载人航天工程第二步的开始。

2008 年 9 月 25 日，"神舟 7"号飞船载三名航天员翟志刚、刘伯明、景海鹏成功升空，并且在轨运行中实现一名航天员出舱行走。我国真正意义上在太空中留下了中华民族的脚印，也为今后的载人航天后续工程及以后的探月工程和远地外太空探测，打下了坚实的基础。

━━▶▶ 知识点

"天河"

我国发射的"神舟"飞船之所以被称之为"神奇的天河之舟",是有重要的文化含义的。在民间,人们将银河称为"天河",且在很多神话故事中都有所演绎,如在《西游记》中,猪八戒在被贬下凡间之前,就作为天蓬元帅主管天河。

实际上,银河是银河系的一部分,银河系是太阳系所属的星系。它看起来像一条白茫茫的亮带,从东北向西南方向划开整个天空。在银河里有许多小光点,就像撒了白色的粉末一样,辉映成一片。实际上一颗白色粉末就是一颗巨大的恒星,银河就是由许许多多恒星构成的。太阳是其中的一颗恒星。像太阳这样的恒星在银河中有2000多亿颗,很多恒星有卫星。在太空俯视银河,看到的银河像个旋涡。

建立太空空间站的必要性

几十年的载人航天实践已经证明,由于给养问题,无论是载人航天飞船或空地往返的航天飞机,在太空飞行时间不能很长,一般不超过2周;另一方面,航天乘员初到太空的头几天会感受到失重效应给身体带来的不适,诸如头晕、自我失去协调等,会影响他们的工作能力,只有经过7~10天身体完全适应失重后才能全力工作。如果除去失重自动适应期,利用剩下的很短时间不可能在航天飞船和航天飞机上进行很多空间科学试验,更不可能进行较长时间的试验项目。发射这样短期的航天飞船或航天飞机,效益费用比太低了。打一个比方,一艘海洋研究船,要到远洋进行科学研究,如果它只能自带一两个星期的食物和淡水,就不可能在远洋进行长期海洋研究。要进行长期海洋研究,就必须派出运输船给海洋研究船运送生活补给品。为了把空间科学长期进行下去,就必须建立专门的太空空间站。至于给养和人员,另用航天渡船进行运输。因此,科学家认为,在太空建立空间科学研究点——空间站,是航天技术发展的重要和必然的阶段。建立太空空间站,好处是显而易见的。

首先，建立空间站便可长期进行轨道飞行。它持续飞行的时间可长达数年、数十年甚至更长。这就为空间生命科学研究、人在空间长期失重状态的适应研究以及其他空间科学研究创造了良好的条件。

第二，在利用空间站研究长期失重对人体影响的基础上，可为长期航天、特别是星际旅行建造人的生命维持系统，试验长期飞行的设备和技术。在这方面，苏联利用空间站的载人科学实验考察，迄今持续20多年，取得长足进步，为世界所公认。航天员季托夫和马纳罗夫长期在空间站工作，创造了在太空一次连续漫游365天的纪录，被世界认为是一个了不起的成就。展望未来，人们清楚意识到人类星际旅行为期不远了。从技术角度看，没有什么问题是不可解决的。然而关于人体能力，主要是适应太空能力，还有很多未知数。要解决这个问题，还需要长期的空间实践，只有空间站才能提供这种客观的实践场所。一艘现代飞船飞达火星的最短时间大约270天。如果再做努力，人在失重状态下能持续2~3年，那么，人类就可亲临火星考察，探究它的奥秘，实现人们梦想的真正星际旅行。

第三，空间站也可成为今后建立月球居民区和未来火星载人飞行的中转站。随着太空计划的进展，也可能成为未来到月球、火星载人飞行器的一个组装、试验和起飞点；也可利用空间站试验和合成各种新材料，为建设太空工厂作工艺实验准备，将来在太空工厂生产星际旅行所需要的技术设备。

第四，在空间站上，可利用空间的失重和真空等特殊条件生产地球上不能生产的超纯度晶体、医学及生物制剂，这对发展电子工业和人类与疾病作斗争、造福民众有不可估量的意义。在空间站上，航天员更可以从空间经常监督地球大气、海洋和谷物生长状况，估价地球上矿藏大小，保证超长距离通信，发出关于气旋、飓风和火灾起始等警告，还可为捕鱼船队、舰船、勘测和铁路、高速公路、石油天然气管道的建设者提供服务。

空间站需有什么样的轨道高度？根据空间站的用途与建设目的，可以从离地球200千米到数万千米。空间站和地面将通过货运、客运飞船作渡船，也可用航天飞机或航空航天飞机进行天地间的运输业务联系。

现代太空空间站都采用多模舱结构方案，可以通过对接口不断扩大和延伸，组成一个庞大的轨道复合体。把目光投向未来，苏联科学家乔奇·普科罗维斯基教授说，轨道复合体可能建设得非常大，有时会绵亘数百千米。他说，建设沿着轨道延伸的椭圆形状的空间站是容易的，将来永久性运行的空间站可能会沿着整个轨道形成连续的环，或许到时还有必要建立若干这类的环。果若如此，这样的系统会构成太空空间站的最高形式。

"礼炮"号和"和平"号空间站

据苏联宣称，它的空间计划的主要目标之一，是建立一个永久性多功能轨道研究复合体，为其国民经济以及空间研究服务。为此，它在1971年4月19日率先在世界上第一次发射"礼炮1"号试验空间站获得成功。1986年2月20日发射入轨的"和平"号空间站，是在"礼炮"号空间站系列10多年运行经验基础上新设计的新型结构空间站，有很大的优越性。

苏联发射的"礼炮1"号到"礼炮5"号空间站系列，是第一代试验性空间站。"礼炮1"号空间站发射之后，先后有"联盟10"号和"联盟11"号载人航天飞船与其对接，大大增加了飞行的时间，使需要较长时间进行空间研究的项目有了可能。第一代试验空间站创下的纪录是63天。

研究第一代"礼炮"号试验空间站的运行，发现它有一个重大不足处，就是它只有一个对接舱，因此，在太空只能接

"和平"号空间站

待一艘飞船。这就限制了空间站的工作以及每个试验项目持续所需的总时间。

在迈向建立永久性多功能轨道研究复合体的努力中，苏联的科学家和工程师及时在礼炮号基础上建立了"礼炮—联盟—进步"号复合体。这种复合体中的"礼炮"号是"礼炮6"号或"礼炮7"号。它们拥有两个对接舱，可以同时与"联盟"号客运飞船和"进步"号货运飞船进行对接，构成轨道研究复合体。它们是第二代空间站，两个对接舱使得可能给空间站装满供给，

并且如果需要，可以更换部分研究设备，其结果是空间站连续运行周期和空间探索持续时间急剧增加，"礼炮6"号工作了近五年；"礼炮7"号从1982年4月起开始工作，1985年以无人自动方式工作时曾一度失去控制，后来又将其修复，接着工作一段时间后被废弃，直到1991年2月7日坠毁。

第二代空间站运行过程显示出来的弱点是，由于第二代空间站"礼炮6"号和"礼炮7"号是在第一代"礼炮"号上改型设计的，扩大了的研究空间范围意味着航天员生活住区变小以及设备超载。航天员的工作生活条件变差了。其次，空间站是按多用途设计的，证明不适于专门研究。例如，为了研究地球，航天员要将空间站放置在他们能看到地球的高度，当有必要进行天文观测时，这个高度又必须改变。此外，当航天员进行动力研究时，推进系统的能源燃料又发生短缺。简言之，应该研制能排除上述不足的新一代空间站。

"和平"号空间站正是针对这些不足而精心设计成的第三代全新空间站，是目前世界上唯一在近地空间继续运行并且还在扩展中的空间站。它的设计，采用一种多模舱结构形式。这种结构，其想法实际很简单：中心舱作为生活区，所有的研究设备放在周围可更换的舱内。"和平"号空间站与"礼炮"号的主要区别是它拥有6个对接舱，可以对接上的每个舱能拥有21吨的质量；它还拥有更大容量的电站，最大供电力达23千瓦，其太阳能电池帆板的面积有102平方米，而"礼炮"号只有51平方米。"和平"号空间站的6个模舱，按专业分工，每个专业模舱均能独立飞行，离开"和平"号进行专门的空间研究。"和平"号空间站还有一个新设备，在其外壳上安装了一个笔状波束的天线，在飞行中该天线指向中继卫星。当"和平"号空间站超出地面和海上跟踪站无线电通讯范围时，它可通过中继卫星和地面测控中心通信。

"阿波罗"和"联盟"号的对接

根据1972年签字的空间探索进行合作的双边协议，1975年7月，美、苏两国航天员分别乘"阿波罗"号和"联盟"号飞船进行首次太空对接试验。美方参加的有"阿波罗"飞船指令长汤姆逊·史坦福、航天员多纳尔特·史拉通和万斯·勃朗特，苏方参加的是"联盟"号飞船指令长阿列克赛·列沃诺夫和航天员万来列·库巴索夫。

这次太空对接是两个航天大国从自己的利益和彼此需要出发认真进行的一次合作。主要目的是要看一看，两国的载人航天飞船是否能在空间进行对接和怎样才能进行对接，这对轨道救援工作有重大意义，其次还希望共同在空间物理学、材料科学、医学与生物学等方面做一些科学技术试验，双方都想从试验中获益。

由于美国和苏联是完全独立地发展自己的载人航天飞船的，双方还希望通过对接的机会，实地考察一下对方的飞船技术状况，这无疑是有极大好处的。要合作，就必须让对方在一定程度上了解自己，这对竞争来说则是不利的，所以在对接成功之后，其中有一方考虑到技术保密，中止了继续进行空间合作的协议。

"阿波罗"号与"联盟"号飞船，要在空间轨道上实现对接，不是一件易事，曾面临许多棘手的技术问题。首先，要进行对接，就意味着两飞船在太空应能互相找得着；第二，要确定空间两飞船交会坐标。然而，"阿波罗"号和"联盟"号两飞船的雷达搜索和集合系统实际上是不相容的。两飞船的对接舱，总的说来也是不同的。两艘飞船舱内航天员维持生命所必需的大气更是互不兼容："阿波罗"飞船用的是一个 260 毫米水银柱压力的纯氧大气层，而"联盟"号拥有压力为 760 毫米水银柱正常的地球大气。单是这个问题就排除了两国航天员简单地从一艘飞船进入另一艘飞船作互访的可能性。

在弹道专家面前也有着一些困难。例如，苏联的专家在他们的计算中使用的坐标系统和美国专家用的坐标系统是不一样的；莫斯科的飞船地面测控中心工作时用莫斯科时间，而设在美国休斯敦的中心则是使用飞行时间，也就是飞船发射时刻起始的时间；苏联的科学家度量用米制单位，而美国使用传统的英制单位。所有这些问题是怎样解决的？显然没办法一一介绍。这里仅介绍一下两国航天员互访时，大气过渡是怎样解决的。

参加对接试验的"阿波罗"和"联盟"号飞船基本结构变动都不大，为解决两艘飞船座舱内大气环境的不同，专门设计了一个对接过渡舱作为两船的过渡段。它是一个长 3.15 米、直径约 1.42 米的由厚铝板构成的圆柱体，两端分别可以与两艘飞船对接，两船对接好后它便构成航天员互访时的通道。过渡舱外带有两个气瓶，舱内设有无线电通信和电视设备、温度控制系统以及显示大气成分和压力的设备等。

两飞船完成对接后，航天员互访是这样进行的：首先，两名美国航天员（另一名留在"阿波罗"座舱内）进入对接过渡舱，经25分钟，舱内转变为一个大气压的普通空气之后，两人便进入"联盟"号访问。访问约数小时之后，他们再回到对接过渡舱。为了防止低压症，两个人要在一个大气压的条件下，在这里呼吸纯氧2小时，用以排除血液中的氮气，再经25分钟，舱内气压转变为0.35大气压纯氧，然后才回到"阿波罗"号飞船的座舱。第二天，一名苏联航天员（另一名留在"联盟"号内）仿此程序进行回访。至此，互访就算完成了。

对接中的所有其他技术问题，在美、苏两国所有参与对接人员的友好和通力合作下，都获很好解决。"阿波罗"号和"联盟"号飞船的空间对接取得圆满成功。"联盟"号苏联航天员、指令长阿列克赛·列沃诺夫对于这次太空对接回忆说："对准另一个国家的飞船进行对接、提高太空安全、准备宇宙探索中的伟大合作，所有这些和创造性的崇高工作鼓舞着两个国家的专家队以及所有参加阿波罗——联盟号对接试验计划的人们去克服一切困难。"

"礼炮7"号与"联盟T13"的对接

第三批航天乘员结束"礼炮7"号—"联盟T12"号空间站复合体的工作之后，自1984年10月2日起，"礼炮7"号空间站工作在自动方式状态。在5个月的时间里，地面测控中心定期和它进行无线电联系，工作均很正常。

可是，最后的一次会期，发现空间站处理地面命令的发射接收设备有故障，导致和"礼炮7"号的所有无线电联系中断。地面得不到空间站系统状态和遥测信息，不再有可能通过无线电有效控制空间站位置、启动其高度控制设备和发动机，以保证自动汇合以及运输飞船和它的对接。

很明显，只有太空航天乘员才有可能恢复空间站的正常功能。为此，第一，必须算出运输飞船已经接近寂静的空间站天线方向图。一般说来，空间站无线电信号作为航天员的信标。第二，航天飞船和航天员乘务组准备进行一次飞行来完成这一困难工作。为此，飞船需要配置附加设备。然后非常重要的是拟定一个新的弹道汇合方向图，并和测控中心进行会期训练。

地面雷达设备用于测定空间站的现在轨道位置，其足够的测量精度用于计算和预测空间站的运动参数，这些信息使得可能引导运输飞船到达空间站所在区域。地面观测表明，空间站稳定飞行，没有自转和翻转现象，这一点是非常重要的。因为快速转动的空间站，运输飞船是不可能与其进行对接操作的。

由地面拟定的运输飞船接近"礼炮7"号空间站的方案是按下列顺序进行的：在距离空间站大约10千米处，航天员用光学仪器使运输飞船的一个轴对准空间站。在地球视线这边，空间站像一颗异常明亮的星照耀着黑色的天空背景。一旦飞船轴对准了空间站，其信息便输入船上计算机。几个这种信号送入船上计算机内存，计算机便"知道"船的确切位置，使飞船在接近空间站轨迹上接收数据，计算机能控制轨迹修正量使飞船接近空间站。

当飞船离空间站只有2~3千米时，如果交会正常，航天员将对飞船进行控制。在接近站后，飞船应围绕它飞行到达对接舱并靠近。为此拟定了所需要的计算方法，很多数据进入计算机内存，使飞船能完成这些调度。航天员带上专用光学导航仪器、一个激光测距器和一个夜视仪。夜视仪在飞船进入地球阴影之前尚未接近空间站时使用。飞船必须"悬浮"在空间站上面，对空间站保持一定距离，既要在视线内，又不要撞上它。

运输飞船和航天乘员组的准备工作是在1985年3月开始的。航天乘员包括弗拉基米尔·捷尼贝可夫和维克多·塞维尼克。弗拉基米尔曾4次航天，是很有经验的航天员，他曾进入开放空间，特别重要的是他有过人工对接的经验。1982年，苏联和法国联合飞行期间，他显示了高超的技能。维克多曾致力于空间站的设计，他知道空间站的每一个部位，同样，他也不是第一次航天飞行。1981年他曾在"礼炮6"号工作、停留过75天。

1985年6月6日，"联盟T13"飞船载着弗拉基米尔·捷尼贝可夫和维克多·塞维尼克进入轨道。6月8日早上，"联盟T13"飞船来到离空间站大约10千米处。弗拉基米尔将飞船侧轴对准空间站并且通过返回舱的舷舱对"联盟T13"飞船进行观察，同时维克多·塞维尼克用他的命令将信息送入计算机。最后的轨道校正调度是自动进行的。在"礼炮7"号空间站离飞船2.5千米处，航天员对飞船手控。在船站间距离为200米时，"联盟T13"停止接近并悬浮。航天员记录下飞船接近空间站的照明条件，发现并不理想，于是他们和地面测控中心商量，测控中心同意接近，使飞船更靠近空间站。弗拉基米尔·捷尼贝可夫驾飞船围绕空间站飞行，把飞船引到对接舱，实现对接并获得成功。地面测控中心全体当班人员看到此情此景，发出热烈掌声和喝彩。

参加这次非常困难的交会和对接的专家们认识到，这具有根本性重要意义的技术成就，它远远超出完成这次交会对接任务本身的意义，对今后载人航天飞行的发展有重大影响。这次对接成功的事实证明，人类不仅可能接近要检查和修理的失效卫星，而且可能援救因技术原因不能返回地球的载人航天飞船上的乘员。

"礼炮 7"号空间站的修复

当"联盟 T13"号飞船接近"礼炮 7"号时，专家们在地面测控中心的显示屏上看到两个同轴的太阳能电池帆板相互不平行，大约成 70°～90°的交角。这意味着太阳能电池定向系统不能工作，同时也表明电源系统可能降能工作着，也可能已完全不工作。

"联盟 T13"飞船和"礼炮 7"号空间站对接之后，证明了这个判断是对的，电源系统确实不再工作。由于电源系统不能供电，空间站及其设备都已冻结——因为仪器、组合单元和机械不能在 0 摄氏度以下工作。很显然，气体成分支持和控制系统也不能工作。航天员不知道不带气体面具是否能够进入空间站，因为有可能是由火造成损坏而使站内无空气。在检查飞船和航天站之间的密封紧贴性时，航天员在"礼炮 7"号的对接舱打开了空气锁并使对接舱和运输飞船之间的压力相等。在他们进入"礼炮 7"号空间站的工作舱之前，弗拉基米尔·捷尼贝可夫和维克多·塞维尼克打开压力均衡阀并取空气样品。空间站的气体成分分析显示，它没有含有害杂质和有毒物质。确信这点之后，航天员打开盖并进入空间站工作舱。舱内温度在零摄氏度以下。

在对接舱，弗拉基米尔·捷尼贝可夫检查其中一个插座的电压，结果是零，最坏的情况已被证实。在工作舱，航天员试图从控制台送出一些命令，毫无反应。看一眼缓冲电池的电荷指示器，表明主电池的电完全放光了。

发生了什么事？空间站的技术状况如何？还可能在里面工作吗？这一连串的疑问摆在两位航天员的面前。除非空气能净化，否则在空间站内工作一天之后的二氧化碳浓度会达到危险的程度。空气再生系统由于没有电源而不能工作。但是除非乘员立即开始工作，否则他们不会发现故障并把它们排除。他们采用来自地球的建议，安装了一个临时通风系统，并接通第一个空气再生器。

接踵而来的问题是，有可能修好电源系统吗？开头，专家相信，如果电池坏了，不可能修好系统，但是寻找一种办法使空间站重新工作是首要的。

电源系统母线内没有电流，太阳能电池在光线一面时也是一样。这表明后者和缓冲电池不连着。因此，必须首先将太阳能电池和电源系统母线连接起来，以便对缓冲器电池再充电，但要做到这一点，必须首先激活遥控开关线圈（自动、非人工）。航天员不可将它连接运输飞船的电源，因为空间站的电路可能有故障，有可能会因此而毁坏飞船的电源系统，其结果就不可能回地球了。

工作人员最后拟定了一个复杂的、使电源系统恢复正常工作的修理程序。

根据地面测控中心的提议，航天员从电源系统母线上取下化学电池，找出故障电池并从线路中移去。幸运的是，8个电池只有2个是坏的。航天员希望把剩下的电池直接连接太阳能电池，以便对它们进行充电。根据地面的指示，航天员用电缆于1985年6月10日开始对第一节电池充电。运输飞船的高度控制系统定向空间站，使太阳能电池帆板得到最好的照明，并对化学电池充电。经过了若干小时，第一组已部分充上了电，它连接着电源系统母线。于是航天员接通遥控系统。地面测控中心这时已能评估空间站系统和组合的一般状况以及温度，但是空间站还在继续"取暖"。第一组电池充好后，其余电池组同时充电。接着航天员终于找到了电源系统停止工作的原因。在正常情况下，缓冲化学电池一旦充好电后，传感器就切断太阳能电池。但传感器出了毛病，发出一个错误的信号，切断了所有电池，并阻止它们今后再充电。每次空间站围绕地球飞行时，程序定时器发出连接太阳能电池的指令。但是在关键时刻，传感器把它们切断了，缓冲化学电池的电能马上耗尽。由于电池不工作，空间站上所有仪器和设备也停止了工作，空间站内温度也就降到0摄氏度以下。

如果当时有航天员在场，或者和地面无线电联系不中断，出了故障的传感器会被更换，或者用无线电信号断开传感器；地面测控中心曾不仅担心电源系统，而且也担心在仪表、组合以及机械中的温度会接近零摄氏度或甚至低于零摄氏度，因此水会冻结，水供系统会停止运转。

专家们估计，可能需要若干天甚至一个月的时间来加温。空间运输飞船只有一个有限的给水系统，能维持其乘员 8 天之用。考虑到"礼炮 7"号站上有两小箱冻水以及一些在紧急时刻航天员可以使用的水，假使航天员把水的消费减到最低限度，水供也只能坚持到 1985 年 6 月 21 日，至多 6 月 23 日。

缓冲电池充好电后，弗拉基米尔·捷尼贝可夫和维克多·塞维尼克修复了电子线路。电源系统、太阳能电池、定向系统、热调节和遥测系统又重新开始工作。接着，开关打在照明位置，温度上升。到 1985 年 6 月 16 日，水供系统中的冰融化了，所以可以从中取水，危机终于克服。

给空间站加温必须谨慎进行。由于大气中已冷却的蒸汽已经集中和冻结在空间站的墙上，航天员不能打开恒温控制线路，否则冻在墙上的湿气会蒸发并凝结在冷的仪器、设备零件和连接器上，引起它们的故障。因此，航天员首先加温空气、仪器和其他设备，然后才打开恒温控制线路。

1985 年 6 月 13 日，航天员检查高度控制系统、交会设备和推进系统，除非这些单元能正常地自动工作，才能完成交会、对接。否则以后要来的货运飞船不能和空间站对接。测试完之后，测控中心发射了一个"进步"号货运飞船。1985 年 6 月 23 日黎明，"进步 24"号货运飞船成功地自动对接在"礼炮 7"号空间站的第二个对接舱口上。该飞船送去了新的一套缓冲化学电池、供给用水、燃料和为下一步载人飞行需要的重要仪器和设备。在地面工作人员的配合下，航天员又进行了研究工作并完成了实验计划。

修复后的"礼炮 7"号空间站，又工作了相当一段时间。"和平"号空间站入轨后，通过运输飞船的太空穿梭飞行，将仪器设备从"礼炮 7"号转运到新一代的"和平"号空间站后，"礼炮 7"号航天站就停止使用。

对飞船和空间站的遥控技术

虽然飞船或空间站上有航天乘员，但是还有很多事情需要地面遥控。

首先，宇宙飞行需要很多计算，这里有轨道校正、飞船向空间站汇合、着陆用的弹道导航计算。第二，重要的是分析大量有关飞船和空间站技术条件、功能数据以及航天乘员身体条件的数据，这些数据从安装在飞船上的近1000个和空间站上的约2000个遥测传感器传送到地球。第三，航天员进行的实验结果数据，必须尽快处理和鉴定。为了消化如此大量的信息，要有功能很强的计算机系统支持。地面测控中心拥有计算机群体系统，占有数百平方米空间，显然，上述种种工作应该传送到地面做。

除此之外，新一代载人飞船和空间站越来越复杂。虽然航天员经过全面训练，但他们不可能像研制这些系统的科学家和工程师那样熟悉所有系统。因此，他们有时需要得到地面科学家和工程师的帮助。

为了从地面测控中心控制飞船和空间站上的系统，作为测控集体的一部分，有一批科学家和工程师昼夜工作着。

空间站在轨道上长期运行，使得有必要建立永久性测控服务。显然，服务人员还应定期轮换。为了有效地进行培训以及进行有效率的试验，必须研究和建立专门的训练模拟器。它带有一个能显示飞行状态的显示器且和测控中心的那个完全一样。指导老师从他的控制台制造故障来模拟飞船系统和仪器故障，训练学员确认这些故障，并能提出解决故障的建议。学员的表演将显示他在何种程度上已准备好与实际的宇宙飞船打交道。学员正式到地面测控中心工作，还要经过有效的考试。

长期的测控飞行经验已经显示出另一个问题：控制飞船上的系统已经证明是极其单调的。由于疲劳，测控专家们的注意力会平稳地减弱，随着时间进程自动系统性能分析中断，并使信息失真（2个或3个参数出问题）。为了防止这些，必须采取专门措施。在一个系统中模拟的这种故障功能自动传送给监督者。一个专门训练小组观察责任专家对故障的反应，并评价他的工作效率。

由于从设计到发射的全过程实行全面质量控制，空间设备具有很高的可靠性，但新设备发生故障情况仍是不可避免的。如果飞船系统有了故障，或者如果一个航天员的身体状况不佳，那么，不仅是航天乘员组，而且很多地面专家应掌握这种情况，他们分析它、模拟它，寻找消除故障的办法并提出建议。测控中心、研制该系统的机构和宇航训练中心都要随时应付这种情况。

地面测控中心的另一项重要工作是使航天员摆脱一些不太重要的事务。航天员飞向太空研究宇宙和地球，获取新的信息，他们要进行试验和观察的项目不断增加。航天乘员必须进行越来越多、要求越来越高的创造性研究工作。因此，飞船上的一些日常工作便落到测控中心，由地面发出指令让仪器和系统来完成。

地面测控中心的职责是复杂而多变的，它们由几百名专家组成的卓越集体来完成。为了在任何时刻都能帮助太空飞船或空间站的乘员们，他们密切注意着飞船动向而昼夜轮班工作着。

空间航天器的日常维修

空间维修是随着载人航天活动的不断扩大、发展而出现的一种特殊性质的勤务活动。

空间维修大体上分为两类：一类是航天员对所乘航天器本身进行维修，包括排除故障、更新技术设备等内容；另一类是对其他航天器，如各种卫星的维修。40多年来的航天实践证明，空间维修是载人航天飞行中应具备的一种能力，并有着广泛的前景。

空间维修的作用在于：

第一，保证载人航天任务和计划的完成。载人航天器的结构和内部设备极其复杂，在实际的航天过程中往往会发生一些意想不到的故障，其中一些故障发生后直接影响飞行任务的完成，甚至危及航天乘员的生命。通过维修可以挽救一些濒临失败的飞行。

第二，可以修复空间的失效卫星。国外有关统计资料显示，在1958年~1970年间总计发生了1230起卫星技术故障，大约有45％是可以修复的。20世纪80年代中期以来，美国利用航天飞机曾修复了若干已失效的卫星。

第三，可以延长航天器的寿命。一般说来，航天器有效载荷的寿命比航天器的结构及生命保障系统的寿命低。就是说，有效载荷工作寿命结束后，航天器的结构及生命保障系统可能还是完好的，有继续工作的能力。而从另一个角度看，它们的成本费用又占绝大部分，专家们估计在75％左右。如果通过更换有效载荷、补充保持航天器轨道所需燃料和更新技术设备等方式，可以延长航天器的寿命和作用，这在经济和效益上是很合算的。例如，曾经在空间运行的"和平"号空间站及其各专业科学模舱，不断得到地面燃料的补充和仪器设备的更新而长期地运行。

苏联和美国的空间维修实践认为，对轨道高度在五六百千米以下的航天器进行维修，在目前的技术水平下是可行的，但必须具备这样几个条件：首先，要有合适的维修基地。俄罗斯的"和平"号空间站以及美国的航天飞机是目前可以用的维修基地，除此之外，尚无别的维修基地。载人空间站的机动能力有限，一般只能对本站设备进行维修。如果有远距离的航天器要维修，必须借轨道间运输飞船运送维修基地的航天员前去维修。第二，航天器必须是模块化设计的，拥有恰当的维修空间。第三，在维修过程中，地面测控中心应给予密切的配合，并组织科学家和工程师集体指导空间维修工作的进行。

空间维修勤务活动已经成为空间活动的一个不可或缺的组成部分，不过还刚开始，还有待发展。这里向读者介绍一个卫星维修实例，让我们看一看它是怎样进行的。

1992年5月7日，美国"奋进"号航天飞机首航太空，其中有一项任务是要把一颗游荡在空间的国际通信卫星"捉进"航天飞机并修好后，再将它试放回轨道。进行程序是这样的：航天飞机将航天员带到离待修卫星约90米距离的地方，航天员身着航天服步出座舱，启动空间喷气背包向卫星飞去。在离卫星约五六米的距离内，航天员用带有钩子的杈杆将卫星"逮住"，使卫星停止转动。这时航天飞机靠过来，伸出机械臂将卫星抓到机舱内的支架上进行检修。也可以由航天员直接将卫星"拽"回机舱。卫星安装到支架上后，航天员可仔细地进行检查，更换失效的设备。换好后，由地面测控中心遥控检查设备的各项性能，检查合格后，可再由机械手将卫星试放回太空，重新投入工作。

此次"奋进"号航天飞机的航天员"逮捕"卫星相当困难，经历了3次失败。第一、二次是1992年5月10日下午5时，2名航天员走出机舱，奋斗2个多小时，因卫星滚动而失败。第三次因机械手接触卫星时，卫星滚动使回收无法进行。直至13日下午，3名航天员集体出击，终于用手抓住卫星，并弄回机舱，修理好后再试放回轨道。

航天飞机的成功升空

20 世纪二三十年代的时候，人们对航天器有两种基本构想：一种是发展一次使用的运载火箭；另一种是可以重复使用的火箭推进的飞机。

前面的想法由于技术上难度小，而且由于 20 世纪前 50 年的两次世界大战，促进了运载火箭的发展，满足了军事上的一部分需要，如法西斯德国在第二次世界大战发展的 V－2 火箭。后一种想法基本停留在理论设想和零星的试验上，一直没有多大的发展。

1928 年，一位叫尼久皮尔的德国人，用固体火箭装在滑翔机上飞行，虽然仅飞了 1 分钟，但总算是第一架火箭推动的飞机。

真正提出科学的火箭飞机设计的是奥地利工程师桑格尔，他后来也成了德国人。他对火箭的飞行进行了深入的研究，提出了火箭飞机的基本构想。

火箭飞机从地面垂直起飞，加速到高空时再平行于地球表面飞行，加速至最大速度，然后滑翔飞行。

他设想用推力为 600 吨的固体火箭作起飞助推器，推动置于长度为 3000 米的斜滑轨上的火箭飞机起飞，然后再用推力为 100 吨的液体火箭发动机使其爬升加速到每小时 2575 千米，从地球直径的一端飞到另一端，航程约 23500 千米。

第二次世界大战期间，希特勒曾下令将 V－2 火箭加上机翼，改装成火箭飞机，以滑翔来增加射程。这种改装的火箭飞机由人来操纵滑翔，至目标上空时，飞行员将飞机对准要袭击的目标以后跳伞逃生，飞机携带炸药将目标炸毁。

我国已故著名的科学家钱学森，1949 年正在美国的大学做教授，也提出了用火箭助推的洲际运输飞机的设想。

继 1947 年美国人用 X－1 火箭飞机做了超音速的飞行以后，于 1962 年制造了 X－15 火箭飞机，用一台推力为 26 吨多的液体火箭推动飞机飞行，创造了 6 倍音速的世界纪录。1967 年，这架飞机飞行高度达到了 108 千米。

此后，以美国为主的西方各国致力于火箭飞机的设计、研究，他们将火箭飞机与空间站等许多未来的太空飞行器设想联系在一起考虑，希望火箭飞机能成为未来太空站与地球之间的桥梁。

航天飞机

1972 年 1 月，美国政府正式批准开展航天飞机的研究，它实际上是人们一直孜孜不倦追求的火箭飞机。10 年以后，第一架航天飞机"哥伦比亚"号终于升空了。航天飞机正如它英文的字面意思"穿梭机"一样，它是往返于太空与地球之间的飞梭。

苏联人也不甘心落后，于 1987 年利用世界上最大的火箭"能源"号发射了苏联的第一架航天飞机"暴风雪"号。这种飞机是无人驾驶

的，主要是为了检验"暴风雪"号的飞行能力。

航天飞机与其他飞行器的异同

美国航天飞机是一架机翼短粗的飞行器，是运载火箭、宇宙飞船和飞机巧妙结合的产物。它在发射时，垂直起飞，像火箭一样；入轨后绕地球轨道飞行，像一艘载人航天飞船，并有机动对接能力；返回地球时，又像一架滑翔机，在传统的飞机跑道上降落。对于使用一次就报销的运载工具来说，航天飞机可以重复使用 100 次，在技术上是一个重大飞跃，为人类定期航行太空创造了条件。航天飞机的研制成功被认为是 20 世纪科学技术最杰出成就之一。

美国航天飞机总长 56.14 米，起飞时总重量达 2043 吨，由外贮箱、轨道器和一对固体火箭助推器等三部分组成。外贮箱是一次性使用，内装液氧、液氢燃料，直径 8.39 米，长 47 米，总重达 743 吨。轨道器和助推火箭按标准规格组装而成，对于每次飞行任务具有通用性。

轨道器空重约 68 吨，相当于 DC - 9 喷气飞机重量的 2.5 倍，长度为

37.24 米，翼展 23.79 米，可以把总重 29.5 吨的卫星、空间探测器或其他货物射入空间，所有货物装在一个长 18 米、宽 4.5 米的货舱中。它的 3 台主发动机是非常先进的，排成一组装在航天飞机的尾部，通过直径 30 厘米管路从外贮箱的输送管中得到燃料推进剂。每台主发动机每秒耗燃料 508 千克，燃烧室压力高达 200 大气压以上。换句话说，每平方厘米的压力达 211 千克，因此发动机体积虽不大，却能产生很大推力。过去的火箭发动机燃烧寿命只有几分钟，而航天飞机的主发动机则不同，设计燃烧寿命高达 7.5 小时，大约可以承担 55 次飞行任务。因为它有一个先进的两级燃烧系统：推进剂首先在低温高压的环境下部分燃烧，然后在主燃烧室中充分燃烧，这种方法的燃烧效率高达 99%。除主发动机外，轨道器中还有 2 台轨道发动机，它们使用轨道器贮箱内的推进剂，每台可产生 2.7 吨的推力。

轨道机动发动机的功用有三点：第一，在巨大的外贮箱被抛掉后，把轨道器推入地球轨道；第二，在太空为轨道器变轨提供机动能力；第三，飞行任务结束时，发动机点火制动，使轨道器脱离地球轨道，踏上返回地球的航程。轨道发动机点火时间长达 15 小时，因此每台可执行 100 次飞行任务。轨道器还有一套复杂的环境控制系统，用以为航天员维持一个舒适宜人的环境。

轨道器内的空气、温度、湿度和气压同地球上一样，因此，除非要进行舱外工作，航天员在轨道器内可以不穿宇宙服生活和工作。轨道器同严寒、酷热（太阳照射时）的空间完全隔绝，但航天员、电气设备和实验室的化学反应都会散发热量，若这些热量积蓄过多，会造成危险。因此轨道器内空气通过一些热交换器把部分热量传入冷水管路以降低水温；而水管中的热量被另一套装氟利昂的冷却管路吸收后，再通过货舱内壁上巨大的辐射器散发到宇宙空间，这样，就保证舱内温度在 18～27 摄氏度之间。轨道器内还装有碳滤层和氢氧化锂过滤器，用以滤去舱内空气中的二氧化碳、微量废气和异味，然后在气体中充入氧和氮，保持空气中气体含量的平衡，同时补充泄漏损失的少量气体。

另外，在失重条件下，热空气不能上升形成对流。为避免空气滞留形成气雾，舱内使用风扇以保持舱内空气流通。轨道器的驾驶室看起来很像一架喷气民航机的驾驶室，不过有一个不同：民航机驾驶员在操纵飞机时是坐着的；航天飞机驾驶员则仰躺在椅背上，面孔朝上，透过驾驶室的挡风窗口，他看到的只是一望无际的天空。指挥长坐在左首，右边是驾驶员。两人面前都有一组"T"字形仪表盘，上有空速表、姿态显示仪、高度表和方向指示器。仪表盘中央有一个小型电视荧光屏，用来显示其他的信息。指挥长和驾驶员通过同飞机上一样的踏板，可以控制尾舵左右转动；通过控制柱，使推力器组点火，控制轨道器的姿态（在轨道飞行时）以及在返回再入段和着陆机动时控制轨道器气动翼面的倾斜度。轨道器在返回大气层阶段是无动力飞行。整个轨道器装在推进剂贮箱的背部。

固体助推器长度为 45.46 米，直径 3.7 米。每台推力为 1300 吨。固体助推器的推进剂是一种高氯酸铝、铝和氧化铁的粉末与黏合剂的混合物。燃烧 123 秒后，消耗推进剂达 503.6 吨。和轨道器一样，固体助推器也是多次使用的。在一对助推器完成助推任务后，将溅落海洋，用拖船将它们进行回收。

航天飞机复杂的结构

航天飞机的整个系统是目前世界上最复杂的航天飞行器系统，比世界上任何的飞机都要复杂得多。

美国人的航天飞机系统是由三部分组成的：一个庞大的液体燃料贮箱，两个固体火箭助推器，加上航天飞机本身。

这两个固体火箭助推器，实际上就是两枚火箭，它们的长度是 45 米，直径 3.7 米。在发射航天飞机时，2 台发动机产生的推动力大约为总推动力的四分之三，在飞行约 2 分钟后，它的固体燃料全部用完，于是与连在一起的液体燃料箱分离。它在返回地面时，张开降落伞，落在大西洋中，由船队打捞回收，以便下次使用，据说这种助推器可以使用 20 次。

固体火箭助推器有一个缺点：一旦它被点火，在燃料未被消耗完之前，无法关机熄火，而液体火箭发动机可以随时熄火。因此，在航天飞机发射时，总是航天飞机的 3 台以液态氢和液态氧作燃料的主发动机先点火，待燃料燃烧稳定以后，再在固体火箭助推器点火。

液体燃料储箱是一个十分粗大的家伙，装满了液态的氢和液态的氧。它长达 47 米，直径有 8 米多，可以装 60 多吨液氧和 16 吨多液氢，航天飞机的主发动机工作所需要的燃料就是它供给的。

当固体火箭助推器分离后，航天飞机与燃料箱一起再飞8分钟，这时已飞出大气层，接近了绕地球飞行的高度，液态燃料也已经消耗完毕，燃料箱与航天飞机分离，随后坠入大气层，被高温烧成碎片落入大洋深处。

航天飞机比起助推器和燃料箱都短得多，它只有37米多长，结构非常复杂，除装有3台主发动机外，还有许多台小发动机。这些小发动机主要是在太空中用的，那里已没有空气，只要用很小的推力就可以使航天飞机改变姿态。

航天飞机的运货舱有18米长，可以装上20多吨重的东西，比如卫星、空间站的部件、星球大战用的太空武器等。利用这么大的空间，还可以开展一些科学实验。

航天飞机可以运载许多名宇航员上天，让他们在太空中行走，去回收和修理卫星，甚至可以将别国的卫星"偷走"。航天飞机以每秒7000多米的速度绕地球飞行。如果携带精密的望远镜，还可以仔细观察地球表面，这在战争期间特别有用，它可以发现敌方的兵力部署情况，及时告诉己方军队指挥部，随机应变。1990年，美国人将一个价值15亿美元的哈勃太空望远镜放在太空，让它观察宇宙深处的星团，比地球最先进的望远镜观察的效果强5倍，可以观察到宇宙诞生时外星际的情况。

航天飞机在返回地球时以很快的速度下降。在航天飞机的头部，温度可以达到几千摄氏度。因此，在它的头部和一些地方贴满了陶瓷做成的防热瓦。

1986年的"挑战者"号爆炸给全世界以震惊。也许有人会问，难道航天飞机就没有救生系统吗？有的。如果在空中飞行，它可以将宇航员底舱那一块整个地弹射出来。当然，要及时发现故障，才能知道是否需要弹射救生。

很多的运载火箭都是在发射台上爆炸的，尤其是用液氢、液氧燃料时，一点火星就会引起一场大爆炸。由于美国的航天飞机用了一个巨大的液体燃料箱，因此，发射台上的救生系统还是必要的。他们将两根钢索拉到发射架上，一旦出现危险，宇航员就可以沿着钢索滑到地下掩体中保住性命。

1987年，苏联人继美国人之后发射了自己制造的航天飞机。这架航天飞机与美国人的十分相似，它用世界上推力最大的火箭送上太空。苏联的航天飞机与美国的航天飞机最大的区别是它没有装主发动机。因而在绕地球飞行时，无法调整离地球的高度，没有美国的航天飞机那样灵活。由于没有主发动机，它的货舱要大一些，可以送更多的东西上天，成为名副其实的太空货船。

知识点

"哈勃"太空望远镜

"哈勃"太空望远镜，又称"哈勃"空间望远镜，是以天文学家爱德温·哈勃之名命名，在轨道上环绕着地球的望远镜。它的位置在地球的大气层之上，因此获得了地基望远镜所没有的好处——影像不会受到大气湍流的扰动，视相度绝佳又没有大气散射造成的背景光，还能观测会被臭氧层吸收的紫外线。

1990年4月25日，由美国航天飞机送上太空轨道的"哈勃"望远镜长13.3米，直径4.3米，重11.6吨，造价近30亿美元。它以2.8万千米的时速沿太空轨道运行，清晰度是地面天文望远镜的10倍以上。它已经填补了地面观测的缺口，帮助天文学家解决了许多根本上的问题，对天文物理有更多的认识。

航天飞机光明的未来

未来的航天飞机将是什么样子，人们已设想出了它的大致蓝图。

这种飞机不再需要火箭助推了，它可以从世界上任何一个较大的机场起飞，然后加速至音速的许多倍，在大气层外飞行，然后穿过大气层降落。因为用火箭助推器的航天飞机使用起来很不方便，世界上只有很少的地方有大型火箭发射场，更谈不上将这种飞机用于民航载客运货了。

美国人为了保持领先地位，首先开始了新的计划。这个计划有一个很怪的名字"铜谷"。这种新式飞机不再叫航天飞机了，而叫国家空天飞机。它以氢作燃料，由人驾驶从地球的机场上起飞，加速到大大超过音速的速度，在大气层外绕地球飞行。如果用它来客机，便给它一个更妙的名字"东方快车"。乘坐这种飞机旅行，从美国的首都华盛顿到中国的首都北京只需 2 小时。坐着它，一天可以绕地球好几圈。

这种飞机以氢作燃料，让它与空气混合燃烧以推动飞机前进。到目前为止，氢是世界上能够找到的最好的燃料。它燃烧后产生水蒸气，不破坏地球的环境。缺点是体积太大，用它做燃料，要占用飞机上的许多空间。不过科学家想出了一种办法，不但使气体状态的氢冷冻到了液态，而且将液态冷冻成了固态，空天飞机就可用一半的液态氢与一半的固态氢混合在一起作燃料了，他们给这种燃料取了一个名字叫氢浆。

在美国大力发展空天飞机的同时，西方先进的工业国家也开始发展自己的空天飞机计划。

欧洲空间局计划制造一种叫"赫尔墨斯"的空天飞机。这种飞机只有 15 米长，能把 3 名乘务员和约 2 吨重的东西送入太空，绕地球飞行，1998 年开始正式载人飞行。

德国的空天飞机很有特点，用"桑格尔"命名，以纪念杰出的航天先驱桑格尔。它分成两级，货机载有人驾驶的母机上，由母机背上起飞送上太空；货机无人驾驶，可以将 1.4 吨重的东西送入太空。

英国人的计划与美国人的类似，他们准备制造一架"霍托尔"空天飞机，能水平起飞和降落，使用液氢和液氧做燃料，能够将 11 吨的货物运上太空。

日本的航天技术起步较晚，他们的方案要落后一些，仍用火箭发射航天飞机上天，不过是将航天飞机装在火箭的头部发射的。

水平起降的空天飞机对人类有极大的吸引力，同时它的技术难度也非常大。比如，它的发动机与目前世界上任何发动机都不同，制造难度最大，因为当飞机以音速的十几倍速度飞行时，常常会使发动机熄火。由于空天飞机的速度达到十几倍音速，地面上的一些实验设备无法胜任实验任务。目前，美国人主要是利用世界上最快的计算机进行设计和计算，这种计算机可以每秒数学计算 10 亿次，尽管如此，仍嫌计算机速度不够快。

航天技术应用及未来航天

HANGTIAN JISHU YINGYONG JI WEILAI HANGTIAN

　　20 世纪末期以来，随着科技的飞速发展，航空航天事业的发展也步入了一个崭新的时代。如今的航空航天事业已融进了当前所有最新的科技成就，并在很多领域为人类创造了很多价值，如我们已经熟知的卫星通信、气象预报等。这些都是我们在日常生活中可以感受到的，还有一部分应用则和航天科技一样，属于高科技。了解这一部分应用，有利于激发大家学习航天科技的兴趣。

　　目前，人类已经进入了一个航空航天飞行器大发展时期。我们在未来的世界里使用什么样的飞行器，飞向何方，这都有待于人类，尤其是广大青少年朋友在未来的时间里进一步的开发和实践。总之，相对于浩瀚的宇宙而言，人类的航空航天事业只能算是刚刚起步，人类必须不断努力才能完善我们的"翅膀"，才能飞向更高、更远的宇宙空间。

为人类造福的航天科技

　　自第一颗人造卫星成功发射以来，40 多年的航天科技发展已为人类的进步和幸福创造了巨大业绩。

　　每一个普通人都可感觉到，远距离的电话、电报、传真、数据传输和电视已成为他们日常工作、生活和娱乐中不可缺少的一部分。这是航天科技中的明星——通信卫星给人类带来的方便。

通信卫星使人们足不出户便知天下事。每天，国际国内发生的任何重大事情，无论它是在千里、万里之外，你都可从每晚的新闻电视报道中获悉。

一台精彩的艺术演出、一场激动人心的音乐会，不论它来自哪个国家或哪个民族、哪个地域，你都可从卫星电视转播中得到充分的听觉和视觉上的艺术享受。

重大国际体育比赛、奥林匹克运动会，卫星的实况电视转播会让你身临其境，有一种参与的感觉。当足球场上双方队员奋力奔跑、传球、抢球时，你的心跳会加剧起来，好像你也是一个参加者。

对于那些关心商业信息、股票交易行情的人们来说，通信卫星快速传播的信息，能帮助他们及时了解行情动态，有利于作出交易上的决断。

通信卫星使每一个人的视野从一个村、一个城镇扩大到全国和全世界，丰富了他们的知识，增长了他们的才干，使他们的生活更加多彩多姿。

航天科技服务人类的另一颗明星是气象卫星，它给人类的好处可多了。全世界有100多颗气象卫星运行在宇宙空间，从不同的高度鸟瞰着我们生存的地球，监视着世界范围的大气和风云变化，精确地预报台风、暴雨和干旱等灾害性天气。根据地球大气的动态变化，气象卫星还可用来对天气形势做出中长期预报。比过去精确得多的天气预报，和每个人的生活密切相关，可以使人们消灾除难、减少损失。天气预报给农业、运输业带来的好处更是无法估量。

农林业资源的生产与管理，也离不开航天技术的应用。专门用于监视地球陆地的陆地卫星，它上面装备高分辨率和高灵敏度的红外探测器，利用不同农作物的不同红外辐射以及它们不同的光谱反射，可以判断和监视各类农作物的长势和病虫害状况，并可相当精确地预测大面积的谷物产量。利用卫星航天遥感技术，专家们还可对水资源进行勘查，对土地的使用与环境进行监测，对海洋生物资源进行调查，对森林资源和畜牧区域进行勘测。

航天卫星遥感图像，是地质科学家研究地球自然资源的有力工具，利用它们绘制地质图，寻找地下矿床，其效果之显著，要比过去用常规方法找矿会好上几十和上百倍。

空间大地测量是航天科技服务国民经济的又一个重要方面，从空间站可以快速大面积进行大地测量，绘制高精度地形图，研究外重力场，确定地球重力参数，其效率比一般的航空测量要高出上百倍。

航天科技还可通过卫星对舰船、飞机进行导航，确保它们的航行安全，提高它们的运行效率。

航天科技可以用卫星会诊疾病。例如通过卫星传输 X 光图片、病症信息到异地医疗专家那里，两地医生可通过可视电话进行会诊。这对缺少医学专家的海岛、边远地区有很大帮助。

航天科技通过卫星可以及时帮助救援海空难人员，大大提高他们获得生存的机会。

航天科技利用空间站进行各项技术试验，在微重力条件下生产超纯度晶体、医学制剂，超硬度合金、高透明类玻璃以及加工出各种新型材料，其质量优于地球产品。将它们转变成空间工业化生产时，会给工业带来革命性变化。

人类进入空间地质学时代

自动卫星、载人飞船和空间空间站已经使大地测量和制图学产生了革命性的变化，也为空间地质学揭开了新的一页。地质结构资料，对发展国民经济是极其重要的。修建远距离铁路、开凿运河、建设高压输电线和敷设各种管道，都需要有精密的地图和陆标位置图。从空间轨道上勘测地面可为之提供详细的地质结构资料。

一张从空间拍摄的照片，可以代替几百张航空测量照片。例如从"和平"号空间站只需 5 分钟就可能对地球表面大约 100 万平方千米的面积摄影，在飞机上做同样的工作需要 2 年时间。在苏联，每年国民经济需要 1000 多张专用地图和成百张精密的地图册。现今已有能力每 5 年把它们更新一次，而过去要 10～15 年或更长时间更新一次。

越来越多的经济组织和部门利用从航天器获得的信息。空间大地测量是空间技术服务于国民经济和科学的一个主要领域，其主要任务是绘制全球和区域性高精度地形图，研究外重力场，确定地球重力参数。

随着深空行星探测技术的发展，空间大地测量也扩大到太阳系的其他行星，绘制行星地图已成为深空行星探测的主要内容之一，这在过去是完全不可能的。例如，美国和苏联都对地球的近邻金星进行了测量，绘制了详细的金星地图。为了进一步研究金星的地质构造，近年又发射"麦哲伦"号金星探测器，在更近的距离上对金星表面摄影，至今已完成了金星表面测量任务，测量分辨率已达到可区分一个足球场大小的物体。美国还对火星进行了表面地形测量和绘制地形图。可以说，由于航天空间技术的发展与应用，开始了空间地质学和行星际地质学的时代。

空间技术试验取得的成果

空间技术试验的创始应归功于航天飞行器的乘员们。人们对太空技术的兴趣并非偶然。在以每秒 8000 米的速度运行在近地轨道的航天器中，地球引力只有在地球上的千分之一到百万分之一或说只存在微重力。这意味着地球上知道的物理效应在空间不复存在。在失重或微重力状态下，物理过程有其特殊性。

首先，空间技术试验表明，在失重或微重力条件下的半导体晶体生产有很好的前景。在地球上用溶液或沉淀蒸发增长方法来生产晶体，都会受到地心引力对增长过程的干扰。而在空间没有重力生产时，半导体材料中有着更均匀的成分和渗进物分布，有可能获得实际上无尺寸限制的晶体。今天还很难预测它将对电子工业产生何种巨大影响。不过，在"礼炮7"号空间站上安装的第一个半商业性半导体晶体生产炉，就生产了若干千克纯半导体。在地面，要么是不可能进行这种生产，要么是成本受不了。苏联一年消费半导体晶体只有数百克，这就意味着使用空间技术有可能满足电子工业的需要。1990 年 6 月，"和平"号空间站新增加的"晶体"舱内有 5 个新型半导体炉，只用 7 个月就生产了价值 1000 万美元的空间半导体材料。

失重状态也导致冶金过程的物相成分、尺寸、杂质及晶体形式的实质性变化，并显著改善材料的特性。例如，在试验由空间合金装置生产的超导铌锡合金样品时，发现一层在地球上制造的样品铌锡合金 Nb_3Sn 是分解的。由空间生产 Nb_3Sn 制成的导线有可能显著提高电流密度临界值。电流密度达每平方厘米 105 安或更高，临界磁场值达 8.8T。20 世纪 70 年代末发射的"礼炮 6"号空间站，在 4 年又 10 个月的空间飞行期间，成功地制取了铝镁、钼镓、铝钨、铜铟、锑铟等多种合金，制造出红外辐射探测器用的碲镉汞半导体材料。

在空间，将不同特性和密度的物质混合是可能的。带有泡沫塑料的金属可以用任何材料形成，因此可以利用空间无重力条件生产泡沫塑料钢。它是钢，可又是如此之轻，可以浮在水面。这种材料有巨大的经济价值，可用于运输系统。

实验并研究在空间合金和晶体装置上生产的玻璃类物质表明，磷酸盐、硼酸盐—铅氟绿柱石以及其他空间生产的玻璃样品，也同样具有区别于地球生产的更好的特性。在某些情况下，样品的结构得到改善，次品密度下降，透明度增加。在空间已经生产出用于光纤通信的特殊性质的玻璃。在地球上是不能生产出这种玻璃的，因为即使是超纯度材料熔化，也会通过容器壁接触而受到污染。在空间无重力状态下，由于表面张力的影响，熔化后将形成一个球而不会扩展出去。

可喜的空间生物学技术试验

医学专家和药物生产者知道，太空是进行某些医学实验和制造某些药物的理想场所，因为在空间，药物生产过程不受重力引起的对流和沉淀的影响。迄今已经进行了大量的有机物试验。苏联从 1982 年起就在空间站进行生物技术试验，其目的是利用失重生产超纯度生物活性物质，以用于制药、微生物和食品工业以及在选种和遗传中用于研究。这些物质不含有能导致药物效率降低或增加副作用的杂质。地面以常规技术生产，或者费用太高，或者达不到所要求的纯度。

在空间，用结晶学方法研究蛋白质三维结构图过程取得重要进展。利用电泳装置进行了蛋白结晶学试验：当蛋白溶液和盐溶液接触时就产生蛋白结晶。在空间，蛋白质的增长引起科学家极大兴趣，因为在地球上不可能得到它们必要的尺寸和纯度。知道蛋白质三维结构图，对于明白生物化学和生物物理过程的机理是极端重要的。这些过程在合成诸如用于处理恶性肿瘤、贫血症、高血压和其他医学制剂的物质具有根本的重要意义。

蛋白结晶学应用的另一个领域是蛋白工程，即是酶、荷尔蒙的合成。荷尔蒙可用来治疗人体发育不全和发育有缺陷的病人，如侏儒症等。1982年美国道格拉斯公司在航天飞机上用电泳设备对许多公司提供的天然荷尔蒙样品进行了提纯处理。1983年该公司又在航天飞机上用太空电泳操作分离出白鼠垂体细胞组织。该公司还和美国宇航局以及宾夕法尼亚州州立大学组成一个研究小组，寻找一种净化人体生长激素的高技术。净化技术涉及细胞分离，细胞必须从垂体腺提取，通过净化技术获得生长激素可以安全地治疗发育不全的病症。预计不久在航天飞机上将可分离出性能优异的荷尔蒙。

蛋白结晶学的第三种应用是合成疫苗的生产。在空间，电泳技术能做地面不可能做的事情。苏联曾进行生物学物质混合物的电泳分离，结果获得流行性感冒疫苗，满足了传染病、微生物和卫生学研究所对这种疫苗全年的需求。苏联还成功地将人体血液蛋白中最有用的白蛋白分裂成5个部分。在空间，蛋白纯化过程比通常的制药过程效率高近20倍。1983年，在苏联生产出8安瓿超纯度生物医学培养物。1984年则首次生产出食用抗生素。如果把这种空间产品加进饲料，动物重量可增加15%～20%，"联盟T14"航天乘员还利用一种机器人生产一批食用抗生素。在空间还进行了遗传工程学干扰素的纯化。

可以说，目前空间生物技术试验取得了重大进步，有着很好的结果，但更多的是改进了在空间准备生产的设备和技术。今天，空间失重环境为生物技术工艺提供了极好的条件，空间生产纯物质会帮助人类解决很多问题。

生物学方面的研究内容很广泛，它包括低等、高等植物，微组织，昆虫，脊椎动物，活组织培养以及生物聚合物等的研究；也研究生命活动的过程——遗传学、可变性、细胞分裂、胚胎发育等。到目前为止，空间生物学方面的研究重点集中在植物栽培上。在空间栽培高等植物，对宇宙航行，特别是远距离星际航行解决食物问题有着现实、迫切和根本的意义。

苏联在"礼炮"号空间站进行的第一批植物栽培试验，曾显示了一种可怕的失望：他们在空间站试验田里播种了豌豆和小麦，开头长得不错，接着它们相继在成熟期死亡。

直到1982年，航天员安·贝勒车伏依和万·莱必得夫在空间站工作期间，试验播种少量阿拉伯香草，它们发芽生长并获得了种子，全过程成功了。这些种子带回地面播种后，长出了新的一代，而且长势良好，给人们带来了一线希望。经过不断努力研究，科学家又在"礼炮7"号空间站试验园里种植莴苣，经200多天飞行，不仅长得很好，并且获得好收成，与地面温室内收成相比，不相上下。这些实验证明：在失重状态下，高等植物能通过其生长的所有阶段，不一定会在成熟期死亡。这个结果有十分重要的意义。地面进行的模拟试验以及在空间站反复进行的一系列试验都证实了上述结论。

航天科技在工业和生活中的应用

实际上，航天科技的一些重大成就已经在国民经济的各个部门得到了推广应用，有力地推动了经济的发展。例如，有数十种新材料已应用于机械制造；一些试验台已用于提高民用机械寿命试验；航天飞机的结构试验方法与装置已推广到各种飞行器、新型汽车、农业机械的研制中；航天飞机的自动着陆系统也已用于民航和货运飞机的全天候着陆控制上；为研制航天飞机和其他航天器而开发的计算机辅助设计、计算机辅助制造的技术已应用到其他各行各业。航天技术在民用工业技术领域的推广应用，大大促进了国民经济各个部门的技术更新。

航天技术也给医疗卫生事业带来了福音，利用航天技术的成果来检查和治疗疾病已是屡见不鲜。例如，可用航天技术治疗心脏病。如今可以把人造卫星上的微型电路和镍镉电池移植过来，制成可充电的埋藏式心脏起搏器，帮助病人的心脏工作。这种起搏器体积小，重量轻，而且可以从病人体外充电，减少了因更换起搏器给病人带来的痛苦。又如用来监测载人宇宙飞船航天员身体状况的血压检测器，目前放置在美国的各个公共场所，供有高血压的病人检查血压，使用很方便。这种仪器能根据血液流动的声音来分析人体血液情况，测出收缩压和舒张压，并能将每次测量的血压数据自动记录下来，供医生治疗时参考。航天技术中的红外摄影和判读技术，可用来确定烧伤病人皮下深处组织的烧伤程度和坏死组织的范围，从而为早期进行切痂植皮手术提供可靠的依据，避免本可自动愈合的组织被误切掉。利用航天器上用的敏感辐射计，能测量0.1摄氏度的温度变化。由于癌组织比正常组织温度高，所以用它能检查出什么地方有癌变。它还能测出人体更深部位的温差。航天技术成果还可用于制造新的医疗卫生器械。例如，用于航天器上的自动微生物检测器，在地面上15分钟内可测出液体中微生物的含量；利用航天工艺技术可以为下肢瘫痪的病人制造一种能上下楼梯的折叠式扶车等。在空间探测中发展起来的自动光学显微镜，可以把在宇宙空间拍摄的不太清楚的图像增强成高分辨率的显示图像。把自动光学显微镜用在医学上，可提高X光图像的效果和使其他病理图像更加清晰。

为在地面测控中心能监测航天器上航天员身体状况而发展起来的远距离电子医疗系统，也可用到医疗卫生事业上来，这就是遥诊医学。它可以把偏远地区的医务人员与大城市医院的高级医生联系起来，解决偏远地区疑难病和突发病的治疗问题。例如1989年3月，美国提供一个兼容的卫星地球站，设在亚美尼亚共和国，开始了国家之间的医疗咨询。美国的医疗设施通过商业卫星公司和国际卫星公司的卫星与亚美尼亚的医院和康复中心连接。每周2天，每天提供若干小时的单向电视和双向通信能力，以提供医疗咨询帮助。

参加未来航天活动的成员

虽然人类踏入太空已有30多个年头，航天员仍然是一种稀有的职业，能进入太空飞行的人实在是太少太少了。

今天的宇宙飞船和空间站乘员组除指令长外，还有飞行工程师、医生和通常精通几门科学与技术的研究工程师，这是由于飞船现今有限条件决定的。随着空间技术的蓬勃兴起，人类终将把生产实践和科学实验的范围扩大到地球外层空间。人类在认识自然和改造自然的历史进程中，将达到一个新的台阶。在地球近地空间会出现庞大、永久性、多舱结构的航天复合体，执行大范围的工作，其中有利用空间特殊环境与资源加工生产某些产品的宇宙或太空工厂、太阳能电站、大气外天文台、空间导航站等。那时，就有必要用能操作这些复杂设备的高素质专家来构成航天乘员组。这样，航天乘员组必须由飞行工程师和上述专家共同组成。他们操纵设备、进行维护修理并在飞行中控制这些设备。

除乘员组外，还有一个研究集体，包括地质学家、海洋学家、气象学家、生态学家、垦荒专家、冰河学家、天文学家。他们是进行空间科学研究的专业人员。

另外，有必要为上述两类人员提供每天的服务。服务人员应包括厨师、装配工、暖房菜园工等，还应有医疗服务人员。因此，看来酷像一艘研究船的载人航天复合体，其人员组成包括三部分：第一是乘务组人员；第二是科学研究集体；第三是后勤服务人员。

在更远一些的未来，人类会进行星际旅行，那时需要人们研究和开发月球、小行星或其他天体，并把它们变成空间科学研究和太空工业中心以及用作燃料加添、维护修理、乘务员换班的中转基地。届时，就会出现一个新的职业，其中有太空导航和领航、空间救援和星际学家。今天还很难说未来宇宙航行需要什么样的专家，但当宇宙航行成为普通和平常之事的时候，这些就成为从事这些工作的人员每天的职责了。那时，"航天"一词不再表示一种职业，而仅仅是一种外空活动而已。

建立空间生态系统的可能性

曾经在地球近地轨道上运行的"和平"号空间站，通过航天体系的帮助，由"进步"号货运飞船定期运送食物、水和空气。未来载人星际飞船的乘员飞离地球数百万、数千万千米时，再通过类似的运输系统进行补给，即使不是不可能，也必定是十分的困难。

在空间，一个人每天消耗食物、氧气和水，总计可达 10 千克；如果乘员组只由 3 人构成，在空间生活 1 个月，需要消耗 1 吨的氧气、食物和水；如果生活 1 年则需 12 吨；如果飞往别的行星，例如飞往近邻火星探测，则需 2 ~ 3 年时间，总共需消耗氧气、食物和水多达 24 ~ 36 吨，如果不用运输线保障供给，要带上 2~3 年的给养飞往其他星球也显然是不可能的。

此外，当飞行时间增加时，在飞船上创造一个舒适的环境，以接近人的通常需要，这个问题就变得非常的尖锐。航天理论奠基人康斯坦丁·齐奥尔科夫斯基在世时想到了这些问题，并认为可以通过在飞船上建立温室来解决供应问题，他当时认为这是完全可以实现的。

在飞船上，他想象飞船把航天使团送到遥远行星，乘务人员会得到新鲜蔬菜、食物和维生素，排除二氧化碳，制造氧气并美化居住舱室。

科学家们认为在空间建立一个类似地球的生物系统是一项真正的挑战性任务。在这样的系统中，高等和低等植物起着关键的作用。很多专家已经推荐小球藻类作为主要的氧源。这种单细胞海藻在失重状态迅速繁殖，有效地产生氧而不产生有毒物质。虽然小球藻类内含蛋白质、脂肪、碳水化合物和维生素，但它们却很难充作人的食物。有一位专家说，咀嚼单细胞藻类，得不到我们所喜欢的感觉，它有着一种讨厌的味道。

科学家们设想用海藻作为动物和家禽的饲料，而它们供给星际飞船的乘员肉类、牛奶和鸡蛋。人类最好使用高等植物。当初在空间站，航天员曾进行第一批高等植物培育试验，结果令人失望，因为它们在成熟期死亡；但是后来又经过不懈努力，通过一系列试验又产生了希望。最后的结论是，在失重状态下，高等植物基本上能通过生长的所有阶段，这对未来的星际旅行有着极为重要和根本的意义。

支持空间生物生命系统的开发工作仍在实验阶段。正在作出的努力是寻找生长植物的最有效方法，例如在人造土壤中使植物生长的方法。在白俄罗斯共和国，科学家已经发展了一种人造土壤，它看上去像沙，但实际上是由两种类型的专门塑料材料组成的。它充满 15 种从通常的肥料中提取的营养物。植物生长，要进行光照，土壤也需要浇水。

使用人造土壤的实验表明，它可能有巨大的实际意义。1 平方米菜园在 70 天内可生产 1 千克小萝卜。与此形成对照的是 1 平方米人造土壤 21 天可生产 10 千克小萝卜。这些成果不仅在实验室，而且在某破冰船上试验时也获得，那里配备了人造实验菜园。

科学家还研究了空间失重状态下生长植物的其他方法，如溶液培养和电刺激培养。例如，美国洛克希德宇航公司在加利福尼亚州森尼韦尔实验室培育适合太空生长的蔬菜。研究人员将莴苣、胡萝卜和西红柿放进无土壤的培养基中，并在失重条件下培育起来。结果发现，莴苣在含水的培养基中生长比在土壤中快 2 ~ 3 倍，并且发现莴苣很难与西红柿混种，只要有西红柿，莴苣便难于成活。原因可能是西红柿消耗的培养液太多，也可能是它对莴苣有毒，这有待进一步试验。使科学研究人员兴奋的是用这种溶液培育的胡萝卜大获成功，长出来的胡萝卜味道鲜美，百尝不厌；但胡萝卜的形状怪异：上半部还算正常，下半部却向上弯曲，根须则像卷发一样卷绕在一起。时间将会证明哪一种植物培养方法更有效。

航天医学专家说，长时间的星际飞行的生物生命支持系统只能适应生物特性，其他别无选择。因此，科学家根据自然界的生物链关系，安排这样的周期实验：一组生命或者它们生命活动的产品作为食物，在每一个周期内供给其他的生命。

目前，科学家试图在生物生命支持系统中包括进动物王国的成员。已经考虑鹌鹑将是第一批空间家禽场的居民，它的肉具有很高的热量。还应指出，它特别能产蛋。现在正在空间飞行中试验生物生命支持系统的不同元素，发展生产动物、植物和整个生物社会的技术。随着时间的推移，将可以回答更多的问题。然而，科学家们相信，在空间建立一个封闭的生态系统是可能的。如果今后能把这个信念变成现实，并建立起这样的生态系统，那么，到遥远的行星或天体进行星际旅行的理想将会变成真正的可能。

··▶▶▶ 知识点

近地轨道

近地轨道，又称低地轨道、顺行轨道，是指航天器距离地面高度较低的轨道。近地轨道没有公认的严格定义，一般高度在 2000 千米以下的近圆形轨道都可以称之为近地轨道。由于近地轨道卫星离地面较近，绝大多数对地观测卫星、测地卫星、空间站以及一些新的通信卫星系统都采用近地轨道。

近地轨道的特点是轨道倾角即轨道平面与地球赤道平面的夹角小于 90 度。我国地处北半球，要把航天器送上这种轨道，运载火箭要朝东南方向发射，这样能够利用地球自西向东自转的部分速度，节约火箭能量。地球自转速度可通过赤道自转速度、发射方位角和发射点地理纬度计算出来。因此，在赤道上朝着正东方向发射飞船，可利用的速度最大，纬度越高利用的速度越小。

前景诱人的空间太阳能电站

煤作为主要能源曾在工业革命中起过主要作用，而作为能源的石油是和20世纪的种种产业成就联系在一起的。可是，随着世界经济的发展，电力消耗日益增快，能源不足的矛盾相当突出。另一方面，更进一步和过分使用煤和石油等不可再生能源也导致了地球自然环境的破坏，更大规模地发展核电站又担心会构成对人类生命安全的威胁，于是很多科学家不约而同地想到了利用太阳能。

确实，如能利用太阳能作能源，可以避免上述种种矛盾和担心。太阳能真是取之不尽、用之不竭，亿万年来无私地奉献给了宇宙，也为人类送来了光明和温暖。太阳把辐射到宇宙空间能量的大约二十亿分之一穿过15000万千米的路程投射到地球上。这能量相当于173万亿千瓦的功率，或者说约等于每秒把550吨原煤的能量输送给地球。但是，太阳能的散射面很宽，特别是经过地球大气层时，大部分能量被大气层反射、散射或吸收掉了。在宇宙空间，由于太阳光线不会被大气减弱，也不会被大气阻拦，可以直接受到太阳光的照射，因此在那里建造一个太阳能电站，应该是个好主意、好想法。

空间太阳能电站作为人造天体，在绕地球运行过程中总有一部分时间被地球挡住阳光，也就是说要进入地球的阴影部分。不过，这时间并不长。如果太阳能电站的轨道选择得好，可以使这个时间变得很短。例如，太阳能电站若处在赤道上空35860千米的同步轨道上，它绕地球一周的时间为23小时56分钟4秒，与地球自转周期相同，则太阳能电站对地球来说是静止的，一年中仅在春分和秋分前后45天，而且每天至多只有72分钟有被地球挡住阳光的时候，在其余时间内，电站的大面积电池帆板可以受到太阳光的连续照射而把光转变为电。和地面相比，用同样面积的太阳能电池帆板，在同步轨道可多获 6 ~ 11 倍的太阳能。如果把空间太阳能电站建设在圆形日心轨道上，那就不再怕地球挡住阳光，并可获更多的太阳能。

怎样把太阳能电站的电能传送给空间工业用户和地球，是建设空间太阳能电站的关键问题。早在 1968 年，科学家就设想在宇宙空间的太阳能电站聚集大量阳光，利用光电转换产生直流电，并通过相应的装置将直流电变换成微波，以微波波束的形式传输到太空用户或者传输到地球上，用户接收站又将微波能量再转换成相应的电能，联入用户供电网络。由于微波能顺利通过云雾和烟等，每天向地球输电时间不受任何限制。而在空间没有重力并且真空，太阳电池帆板可以做得很大，微波器件无需严格密封，而微波电能的定向发射和接收，对环境危害较小。虽然微波的放射性也是一种污染，但和煤与石油对大气的污染，以及和核电站可能产生的放射性等类污染相比，几乎可以说是微不足道的。空间太阳能电站的优势还在于它不必使用煤、石油等不可更新的自然资源。

1987 年，加拿大科学家在渥太华进行了第一次利用微波作飞行动力的微波波束传送电能试验。他们用碟型天线传输微波波束。在试验中，人们发现在波束的聚焦、目标的跟踪方面存在一定的困难。

前不久，日本京都大学的科学家们又进行了类似的试验。不过，他们对加拿大的微波波束传输技术作了改进，采用相控阵天线技术。利用相控阵天线传送微波波束，聚焦精确，跟踪目标快速，利于实现计算机控制。

日本人试验的是一种无机载动力源、长度为 1.6 米的模型飞机。飞机上既无机载汽油，也无电池，而是靠接收地面的微波能量作为动力，收到的微波能量被转换成电力，驱动飞机螺旋桨转动，获得飞行动力。这一试验的目的不是想研究开发一种不带燃料箱的飞机，而是试验微波传能技术，用于未来空间太阳能电站的电力传送。

科学家们预测，不久后，能产生动力的空间太阳能电站作为实用能源工厂将为空间工厂提供电力，或者为轨道上的载人飞船和空间站提供能源。再进一步的发展将会把电力送往地球。

据科学家分析，空间太阳能电站的经济最佳容量是 5 ~ 10 兆瓦，悬挂于地球赤道上空 36000 千米高度的对地静止电站的质量为 5 万 ~ 10 万吨。

最初步的估算表明，空间太阳能电站每产生 1 千瓦电量的造价会比核电站同样功率的造价高出 50% ~ 100%，比水电站高出 100% ~ 150%，比热电站高 300% ~ 500%。但是，由于使用甚高频微波辐射传输到地球，微波能量实际上不会被大气所吸收，地面接收站接收到的微波能量转变为电能供给用户，其转换效率可高达 90%；更由于空间太阳能电站不耗地球资源，因此工作约 5 ~ 7 年后，其利润将比热电站和核电站高。

建造空间太阳能电站的另一个关键问题是运输。计算表明，在 5 年内回收这样一个电站的建设费用，它每千克重量的成本不应超过 150 ~ 200 美元。此外，运载火箭应有非常大的推力，一次能将 500 吨的有效载荷送入轨道。在这样的情况下，总计只需 100 ~ 200 次的发射就可以了，所有货物在 3 ~ 5 年内运输到位。

到目前为止，还没有这种大推力运载火箭能一次将 500 吨的有效载荷直接送入同步轨道。现有最大推力的运载火箭也只能将 100 多吨的有效载荷送入地球近地空间。因此，要在 3 ~ 5 年内将空间太阳能电站的建设材料运送到位，还必须研制这种大推力火箭。

怎样大规模开发与利用空间太阳能还处在设想阶段，还需要若干年才能实现。

科学家们相信，现在动手建立一个具有发电容量为 15 万千瓦的空间太阳能原型电站的计划是可行的。在这之后，就可能建造巨大的电站。随着时间推移，太空太阳能电站还应能帮助解决行星的电力供应。

➤➤➤ 知识点

不可再生能源

自然资源一般是指一切物质资源和自然过程，通常是指在一定技术经济环境条件下对人类有益的资源。自然资源可从不同的角度进行分类。从资源的再生性角度可划分为再生资源和不可再生资源。

再生资源是指一定时间内在人类参与下可以重新产生的资源，如农田，如果耕作得当，可以使地力常新，不断为人类提供新的农产品。再生资源有两类：一类是可以循环利用的资源，如太阳能、空气、雨水、风和水能、潮汐能等；一类是生物资源。

与再生资源相对，不可再生资源是指在一定时间内无法再生的自然资源，如天然气、石油、煤矿、铁矿等矿产资源都是不可再生资源，它们用一些就少一些。

建造月球基地并不遥远

自从美国"阿波罗"登月计划完成之后，人们又在热烈谈论开发月球的事情了，很多科学家还提出建立月球基地的建议。1989年7月，时任美国总统布什还曾宣布要把月球作为人类飞往火星的基地。看来，在未来几十年内，开发月球、建立月球基地是势在必行且一定要做的事了。

空间技术的迅速发展，导致人类外空活动的日益扩大，已经把建造大型空间站、太阳能电站、太空工厂和空间居民点的任务放到了科学家的面前。但是，要实现这些目标，需要大批原材料，而从地球向宇宙空间运送费用非常昂贵，终非长久之计。因此，寻找地球外的材料来源，例如从月球和小行星获取材料以及降低它们的运输费用，就成为发展空间工业生产、建造空间站和太空居民点的关键。

远在"阿波罗"飞船登月的历次航行中，航天员曾从月球带回许多月球岩石样品和尘土。经过分析表明，它们主要由40%的氧、30%的硅和20%～30%的各种金属元素如铝、钛、锰、铁等组成。金属元素经加工后的基本构件可用于制造各大型空间站；硅是玻璃、陶瓷与半导体的基本材料，可用于制造光学和电子元件；氧则供给居民需要。因此，月球确实是地球之外的资源宝库与材料来源。月球的低重力环境又为便宜运送月球材料到宇宙空间提供了保证。月球上的重力仅仅是地球重力的1/6，把材料运往空间所需的脱离速度很小，只有每秒2.31千米，再加上月球上无空气，不存在空气阻力，所以从月球射离物体比在地球射离容易许多。这就是科学家们提出开发月球、建立月球基地的主要需求背景。

人类要开发月球并从它获取丰富的资源，还得先建造月球基地。作为先导，很可能不是直接建造为开发资源的月球基地，而是建造月球宇航基地，用以向宇宙空间射离物体以及为人类飞往火星作准备。建设这些基地的材料何处来？如果是从地球运来，其代价是非常高的。

科学家提出，在月球上建造一个宇航循环基地需 1000 吨水泥、330 吨水和 3600 吨钢筋，若将这些材料从地面运往月球，每吨需耗资 5000 万美元，显然太昂贵了。材料学家对月球岩样进行分析和试验后认为，只要把氢带上月球就可把月球上的岩石变为最理想的建筑材料。月球表面钛、铁含量极为丰富，这些矿物被加热 800 摄氏度后与氢结合会产生铁、钛、氧气和蒸汽。在此过程中产生人类生存所必需的水和氧气。月球岩石可精炼成轻型和坚固的水泥，剩下的铁矿可用来冶炼钢筋。这种月球岩石同其他小行星的组成物质相似，已经在茫茫宇宙中存在了许多亿年，不但能抵挡太阳射线对其粒子的辐射，还能经受极大的温差考验。材料科学家利用航天员带回地面的月球岩石样品制成了一块目前世界上无法同它相比的最强硬、最坚固、最富弹性的混凝土。这种混凝土是唯一能在气候异常的月球屹立的建筑材料。在月球上生产每千克这种品质的混凝土只需氢 3 克，而且只要具有总重量约 200 吨的机械钻探设备就可投入月球物质的挖掘。化学科学家设计了许多从月球岩土中提取纯净元素的方案，包括利用太阳能加热月球物质的物理分离法以及利用氢氟酸之类的试剂从氧化物中取得氧、硅和金属的化学分离法，并将每个加工厂设计成能循环使用试剂和废料的齐全生产单位。一个只有 1 吨重的小小的试验性化工厂，每年可将十几吨月球物质加工成氧、金属和玻璃。因此，科学家认为，建设月球基地的基本材料不必从地球运去，可以就地取材。待月球基地建成后，可以大规模开发月球，建造月球工厂，并把大批材料通过宇航基地射离月球，输往地球轨道和太阳系空间，用以建造各种大规模空间站，并为太空工业提供原料，为太空居民城镇建设供应建材。

月球上的尘土确实非常有用，用它还可烧制房屋的砖、瓦和管道。利用尘土覆盖航天员居住点和月球实验室，可使他们免受宇宙射线、太阳耀斑的侵害。近 2 米厚的月球尘土可使航天员获得与地球相同的对宇宙射线的防护机制。开发月球、建设月球基地不仅是可能的，而且是人类在地球外开拓疆域必然要做的一项工作。

开发月球还能使它成为人类未来从事科学研究的前哨阵地。在那里，科学家不仅能够直接研究月球的种种特性及其演化过程，而且也可能是唯一揭开地球早期史奥秘的地方。例如，研究它的矿物构造过程，可以和地球比较。利用月球无空气、低重力、自转速度慢和环境幽静的特点，有可能在物理学、化学、生物学和其他科学方面进行唯一性实验；在月球上进行天文学与天体物理的研究比在地球更具优越性。对人类社会来说，开发月球显得日益重要起来。

月球基地能否迅速地发展，全决定于是不是有可能将开采的材料大量射离月面。这里需要一种称为物质驱动器的月球物质高效率发射装置。物质驱动器在不到 160 米长的轨道上将有效载荷加速到可摆脱月球引力的速度，即每秒 2.31 千米，连续不断将有效载荷射离月面，然后使脱离轨道的载荷朝着一定的方向准确地飞往空间某一位置，也就是月面上空 60820 千米、称为地月体系中的拉格朗日平衡点的地方。在那里再由一直径约 9 米的圆柱形接收器将其截获。停留平衡点的物质接收器可以耗能最少地进行工作。被截获的月球物质然后被缓缓送入高地球轨道的各用户。普林斯顿一实验室曾做了这种物质驱动器的模型，利用它运载工具被加速到 1100 个重力加速度，是航天飞机能达到的最高加速度的 100 倍。除了轨道长度和运载工具的质量外，模型和实物同样大小。导轨仅用一段，只有 0.5 米长，是由 20 个驱动线圈组成的。启动后，运载工具从静止状态开始运行，以 400 千米/小时的速度飞出 0.5 米长的导轨。

已有设想要用一种类似汽车装配中的机器人那样的自动复制机，经过 2 年左右时间生产 100 多台月球物质驱动器，每年能把 10 万多吨的材料运输到空间工厂和各大型空间站。这样，在未来太空，将会出现一个全新的产业，人类将逐渐摆脱地球的羁绊。

建立月球基地还要求研制一种能将人员和物资送往近地轨道以外太空去的轨道间运输飞船，它将在近地轨道和地球同步轨道间往返运送有效载荷，并将有效载荷运送到通向月球、小行星和行星的特定轨道上。1986 年 3～7 月期间，苏联的"联盟 T15"号飞船曾在"和平"号和"礼炮 7"号两座空间站之间进行过往返穿梭飞行，进行人员和仪器设备的运输。但是，这仅是低轨道之间的空间运输。美国的航天飞机所能到达的高度也只限于近地轨道，所以建造轨道间的运输飞船是将人员和货物送往空间站以外轨道的先决条件。

虽然月球物质驱动器和空间轨道间运输飞船两项关键技术还在努力解决之中，科学家们却已经在拟定月球基地的发展计划了。

为了对各国在月球和其他天体上的活动进行组织和管理，1979年12月18日联合国通过了月球条约。

1987年10月，在国际宇航科学院的会议上，来自50多个国家的近1000名科学家和工程师联名提议建造国际月球基地。提议中的建造计划大致分4个阶段：

第一阶段的目标：在2001年前建造一个载人月球轨道空间站。到目前为止，人类已经先后建立过若干地球轨道上的空间站，例如"和平"号空间站。

第二阶段目标：在2010年前在月球建立研究实验室，其中在2003～2005年期间，由6名航天员首批登月，组成基地站。在2006～2010年期间，基地人员增至30人，建成研究实验室。

第三阶段目标：发展主要生产设备，并为每年向地球同步轨道和其他地方输出10万吨产品而继续扩大有关设施。这可能要相当长的一段历史时期。

第四阶段目标：到21世纪末建成具有高度生产能力的月球基地。

此外，科学家的联名提议还要求建立相应的国际月球基地开发机构，它的主要作用应包括诸如召开规划会议、讨论建造月球基地的政策和法律等等有关问题。当这样的国际月球基地开始建造并变成现实时，可能会出现一些全新的问题。例如国家的意义、国家的边界和人类之间的相互关系，有可能需要重新探索和认识，或者说至少会赋予新的含义和内容。

科学家们建议的国际月球基地，其最终目标是拥有高度生产能力，显然是一座月球城镇，离我们还相当远。而第二阶段目标已经就在眼前，规模不会很大，科学家们也研究得比较具体。他们认为，早期的月球基地应包括一个检测月球物质、监测基地成员健康状况和生活食品的试验舱，一个生活舱，一个不加压的储藏舱，一个加工月球物质的小小化工厂，一个带观测室和气闸门的连接舱，两辆月球运输车。这种基地的成员可包括指令长、机械师、机械技师、医生、地质学家、化学家和生物学家。基地成员每两个月轮换一次，每次通过在低月球轨道上会合的轨道间运输飞船和月球游览车交换3～4个基地工作人员。

在这之后，人类将可利用小小化工厂生产的产品和建筑材料在月球上建造固定的、坚固的宇航基地，为今后把开发出来的月球物质送往空间各用户和为人类飞往火星作出发地。

拉格朗日平衡点

拉格朗日点是以著名的法国数学家和力学家拉格朗日命名的空间中的一个点，也被称为太空中的天平点。由于受到两个天体的重力影响，位于这一点上的小型物体可以相对保持平衡，不需要动力推进以抵挡引力作用。在每两个大型的天体之间，比如太阳和木星、地球和月球之间，理论上都存在 5 个拉格朗日点。

这个平衡点的存在由法国数学家拉格朗日于 1772 年推导证明的。1906 年首次发现运动于木星轨道上的小行星在木星和太阳的作用下处于拉格朗日点上。

建造太空居民城镇的设想

伴随着空间工厂的生产、太阳能电站的建造、月球和小行星的开发以及其他形形色色的大规模空间活动的发展，必然有越来越多的人到宇宙空间去工作、生活。因此，需要建造一种适于人类在宇宙空间居住的场所，即太空中居民的定居区或城镇。

为了使未来的太空居民能够像地球上那样长期工作和生活，太空城镇一方面应具有防护外部宇宙射线以及微流星袭击的设施；另一方面也要创造类似于地球上的重力、大气、日照与昼夜变化等环境，必须有充足的水、食物和能源，必须设置住宅、街道、公园、学校、农场等区域，用以保证居民的生活需要。

经过一些年的设想、构思和讨论，科学家们提出了五花八门、各具一格的空间城镇建设方案。美国科学家格拉尔得·凯·奥耐尔提出的在今后一些年代内营建巨型太空殖民地方案，具有代表性。听起来，既有科学幻想的成分，更具有现实性的味道。太空居民点的建设是绝对必要和可能的。然而，能否就是这位科学家所设想的样子，今后的太空实践会给出正确回答。

格拉尔得·凯·奥耐尔提出的这个太空殖民地将是一个巨大的圆柱形地

球轨道站，其长度为 3～30 千米，直径达 1～6 千米。设想这样一个空间结构能够容纳 20 万～2000 万人。这个圆柱体不断旋转着并且在外壳内壁产生人造重力。在圆柱体内不仅有供人居住和办公的房子，而且还有山丘、森林、湖泊及河流。美国科学家相信，这种计划方案是可行的。苏联的科学家对这个巨大的空间殖民地构造方案发表评论说，他们没有询问美国科学家的计算技术，但是相信美国人的技术和力量，相信这种计划是可行的，可以看做是太空居民城镇的一种可能的解决方案。

不论太空城镇将会按何种方案布局建造，一定会伴随太空工业的兴起同时建设；开始规模也许较小，随着空间工业规模不断扩大，居民区也同时会发展。

由于外层空间存在大量的资源，随着月球和小行星的开发，空间会出现大批工业产业，人类依赖地球资源的程度下降，建设大规模太空城镇将不是现在人们想象的那么玄乎。

▶▶ 知识点

昼夜交替

地球是一个不发光且不透明的球体，同一瞬间阳光只能照亮半个球，被阳光照亮的半个地球是白昼，没有被阳光照亮的半个地球是黑夜。昼夜交替现象的产生是由于地球自转造成的。昼半球和夜半球的分界线（圈），叫做晨昏线（圈）。

由于地球自转存在一个倾角，所以地球上不同地区的昼夜长短是不同的。在地球的南北两极地区，太阳终年斜射，昼夜长短变化最大。南北半球的高纬度地区还会出现太阳终日不落或终日不出的"极昼"和"极夜"现象。

人类登陆火星的计划与方案

火星是最富传奇色彩的一颗行星，也是多少年来人们思想上经常联想到地球以外可能具有生命的行星。火星上是否有过生命形态存在，科学家们争论了好多年。考虑到火星上有生命存在的可能性也有一些理由。火星上有稀薄的大气、少量的水，它的温度时常升到冰点以上。

为了拨开人们对火星认识上的迷雾，美国和苏联都多次发射火星探测飞船，拍了很多照片，分析了大气，化验了火星土壤。可是迷雾层层，拨开一层又出一层，并没有足够的证据回答火星上到底有没有生命存在过。

火星具有太阳系内除地球外最少有害于生物生活的条件。有些预言已由"海盗"号探测飞船的探测所证实。轨道飞行器拍摄的照片，分辨率从100～1000米，照片上确有很多类似河床的外形，表示火星早期历史上有几次洪水。但也可作另一种解释，过去曾有巨大的冰川覆盖着火星大部分地区。冰川流过障碍物也能产生类似河床的外形特征。

但是，"海盗"号飞船的轨道飞行器和着陆舱进行过12次试验，每次都直接或间接与生命研究有关。在分子分析实验中，把火星土壤的两个标本加热到500摄氏度，烧掉了任何含碳的有机分子。然后对气化后的物质作化学分析，证明火星上存在任何由碳构成的生物是极不可能的。这个结果曾使很多人失望。苏联的科学家对此也有不同看法，认为火星土壤取的是两个火星偶然点，而且试验方法不完善，要下结论否认火星上有生命存在的可能性为时过早。

人类对火星的探测，取得很多资料信息和成果，包括它的地形、地貌、土壤成分、大气构成和确实存在水等。然而火星上是否存在或存在过生命形态还处在迷雾之中，而这正是人们最关注的事情。它继续吸引着科学家并激起人们的幻想。如果人类能亲临火星登陆考察，可以直接解开火星是否有生命形态存在的奥秘，那时科学家之间有关此事的争论才会结束。

科学家估计到21世纪30年代可望实现航天员在火星登陆，这将把航天科学推上新的高度，是一个重大里程碑。这是一个多么美丽和光彩夺目的事业，正等待着青少年朋友们去创造。

美国和苏联曾用深空探测飞船对火星表面实现了软着陆。按理下一步应是人类登陆火星考察，可是为什么至今不去登陆呢？

专家们认为，按照人类目前掌握的航天技术已完全可以飞往火星，现在不进行这种飞行的原因有两个：

首先，失重对人体的生理影响是主要障碍。由于引力减少，人体内的心血系统、肌肉组织和骨骼中化学成分都会受到影响。在地球上，人类的心脏习惯于克服重力把血液输送到全身各处，而在失重状态下，心脏不必费力地工作。同样道理，肌肉在太空工作时所付出的代价也大大低于地球上从事同样的劳动。另外一些研究表明，人在太空飞行时，组成骨骼的主要矿物质钙会逐渐减少。研究报告指出，在太空飞行1个月，人体骨骼中钙质要减少0.5％。飞行时间短，航天员上述生理障碍还比较容易克服，如在飞行中多吃些含钙的丰富食品，加大肌肉锻炼量等，回到地球后再辅以多种仪器和药物治疗，生理机能就可能逐渐恢复。然而，要在太空进行几年的长期飞行就困难了。航天医学界人士认为，到目前为止，还未找到很适当的途径来阻止或减少失重对人体的影响。当然，经过20多年的航天飞行经验积累，苏联和美国，特别是苏联，已经制定了在长期飞行中预防失重对人体生理影响的措施，取得了重大进展。航天员季托夫、马纳罗夫甚至已经创造了在太空一次漫游一年的纪录。但是，为了人能飞往火星，科学家还得作出更大努力来对付失重对人体的影响。

第二，人类飞往火星，往返一次需2~3年的时间。一个航天员在太空生活和工作，每天要消耗氧气、食物和水大约10千克。目前在近地轨道上的空间站，航天员的给养由航天供应线的进步号货运飞船定期输送。当人类飞向火星时，要飞出地球9000万千米，按照现在的补给供应线的供应周期，载人飞船在到达火星前的途中就需要补充给养若干次，而这是不可能的。因此，不再可能利用天地供应线的货运飞船输送补给。同样不大可能的是，航天乘员启程飞往火星时带足乘务组人员2~3年的给养。这里不仅要有氧气和水的循环再生使用系统以供应航天员氧气和水，而且需要成熟的生物生命支持系统来帮助解决飞行期间他们的食品供应问题。

上述两个问题获得解决后，人类飞往火星的时机就成熟了。科学家们相信再经过二三十年科学摸索，人类将会解决这些问题。由此看来，21世纪人类有可能成为火星的外星人。

除了航天技术的发展外，在空间生命科学、航天医学，特别是在对抗失重对人体生理影响方面都取得了卓越成绩，这些都是为了飞往火星这一目标做准备。不仅如此，苏联科学家已经制定出人飞往火星的三阶段研究计划。苏联解体后，俄罗斯可能会继承这个计划并付诸实施，但在进度上有作出某些修改的可能。

第一阶段（1991～1996 年）：试验登上火星表面的技术，试验获取火星土壤样品的方法和装置，获取火星土壤化学成分的全球数据和火星表面详细图片、温度和湿度分布、沉积构造厚度、岩床和冰晶层的深度，进行火星磁场和重力调查。为科学选择未来人飞往火星登点和保证安全获得全部所需要的信息。

为完成上述任务，要发射一个火星轨道器，它装备有大量的光学设备、光谱仪、质谱仪、雷达和等离子设备及仪器。

在所选的火星表面位置，下降舱带着小型火星面车从卫星中分离出来，下降时又从中分离出一个气球，同时释放出着陆器。气球将在火星大气中离火星表面高度 2～6 千米飞行约 6～10 天（晚上它着陆火星表面），飞行路线将长达几千千米。火星面车装备土壤取样装置、土壤分析仪以及电视摄像机。电视摄像机摄取全景图并用于检查采集火星岩样以提供最佳火星位置的信息是否正确。

第二阶段（1996～2005 年）：火星岩样返回地球，以便对它们进行详细的地质化学和生物学分析。

为此，同时向火星发射轨道器和下降装置。下降装置带有大型火星面车，它对火星土壤样品初步分析后，将样品藏在容器内，后又自动传送到起飞舱，起飞舱起飞并进入火星轨道，然后和轨道站宇宙飞船对接，容器被送入大气层后由火箭带回地球。火星面车服务寿命达 5 年，它拥有电视综合体，能用不同方法取样，也就是钻至火星表面以下若干米深，从大量岩片中获取样品，用返回振动着陆器采样。

第三阶段（2005～2015 年）：现在，人飞往火星最可接受的方案，是带有能使航天乘员组直接动态再入大气层的轨道着陆方案。飞行复合体包括一个火星轨道飞船，为 4～6 名乘务员提供生活和工作条件 18～24 个月；一个登陆飞船，输送 2～3 名航天乘员和设备到火星，能为他们提供生活和工作条件 1 个月；一个再入舱，它具有第二宇宙速度，能从低轨道再入地球大气层，能保证全部星际和轨道的动态运行所必需的电源和推进系统。

美国前总统布什在 1989 年 7 月 20 日举行的"阿波罗"飞船登月 20 周年纪念大会上宣布，要把月球作为人类飞往火星的基地，在 21 世纪把人送上火星。因此，美国也有一个人登上火星的三阶段计划。

第一阶段：1992年9月16日~10月6日期间，用"大力神3"号运载火箭发射名为"观察者"的火星飞行器，它以每天13圈的运行速度在火星—太阳同步轨道上运行，带有8种仪器设备，确定火星地形、火星引力场、表面元素和矿物特征、磁场以及大气环流结构；绘制火星的四季气候图，为未来载人和不载人飞行选择着陆区。

第二阶段：要解决火星上是否存在危害人类的有毒物质和敌对生物的问题，确定何处是人类安全着陆地方。计划从2001年起发射名为"漫游者"的火星机器人取样返回飞行器。在2001~2011年期间，要发射几批机器人，每批1~2个。

第三阶段：发射载人飞船到火星登陆，有几种实施方案，其中之一，2002年在月球上建立永久性居住基地作为前哨基地。2015年发射载5名航天员的宇宙飞船到火星，在那里停留30天。2018年再发射一次载人飞船，在火星工作更长时间。

在人类实现载人宇宙飞船登陆火星的目标中，美、俄两国的具体实施计划各有特色，在互相竞争的同时，必定会进行一些合作。既竞争又合作，是双方的需要。不仅如此，日本和欧盟凭借经济实力也一定会在某种程度上参与登陆火星的国际合作。

根据美、俄两国计划，人类登上火星之前还有一段时间。在这段不算短的时间里，科学家们估计，运载技术还会有突破性的进步，这将非常有利于登陆火星计划的顺利实施。

科学家们说，未来的星际火星航行载人复合体的电源和推进系统的类型及其技术特性，将决定整个登陆火星计划的费用以及所需复合体的总重量。这里有几种不同的可能选择。虽然液体推进火箭发动机在美、俄两国的空间技术活动中已经得到最充分的试验，但使用它们会使在地球轨道上的载人复合体具有太大的总质量，可能达2000吨，同时还遗留下严重的科学技术问题，包括发射和空间装配以及要在起始轨道长期储存低温燃料。

发展核能推进系统将有可能大量减少在起始轨道载人火星飞行复合体的总质量。用核推进系统，复合体重量约1000吨，同时火箭速度会得到极大提高。1992年1月13日开幕的国际太空核能会议上，俄罗斯科学家说，他们研究核动力推进系统火箭已有几十年历史，取得了重大进展，可望将人类未来飞往火星的星际旅行时间缩短一半。目前已经进行了这种火箭的地面点火试验。同一天，美国政府也公布了为实现载人宇宙飞船火星探测飞行而研制的核动力太空火箭的一些情况，人类飞往火星所需来回星际旅行时间，在用液态氢的情况下大约需500天，如采用核动力火箭，则可以缩短到300天左右。

发展核电推进系统，在起始轨道火星复合体总质量只有500吨，因此，发展核电推进系统是最可取的，而且其未来应用能显著地简化星际运输系统的开发，以帮助扩大在空间活动的范围。

太空核电源在人类未来飞向火星的过程中，可能也会扮演重要角色。1987年苏联发射的两颗"宇宙"号卫星上试验了一种新型太空核反应堆。这种反应堆采用热离子技术，以铀作燃料，重约5~10吨，可产生10千瓦电力。其中一个在轨道上工作了3年半，另一个工作了1年，结束使用后被推入更高的安全轨道。

▪▪▶▶ 知识点

航天器软着陆

软着陆是指人造卫星、宇宙飞船等航天器在降落过程中，逐渐减低降落速度，使得航天器在接触地球或其他星球表面瞬时的垂直速度降低到很小，最后不受损坏地降落到地面或其他星体表面上，从而实现安全着陆的技术。例如，通过推进器进行反向推进，或者改变轨道利用大气层逐步减速，或者利用降落伞降低速度。一般来说，每种航天器都是通过多种减速方式共同作用进行减速，达到软着陆的目的。

相对于软着陆，物理上的硬着陆一般是指航天器未减速（或未减速到人员或设备允许值），而以较大速度直接返回地球或击中行星和月球，这是毁坏性的着陆。